中国科学院科学出版基金资助出版

"十三五"国家重点出版物出版规划项目

大气污染控制技术与策略丛书

室内污染物的扩散机理与人员暴露风险评估

翁文国　罗　娜　韩朱旸　著

科学出版社

北京

内 容 简 介

本书主要阐述呼吸道传染物质和危险化学品污染物质对人体呼吸道和皮肤的暴露损伤风险，并针对传染源特征、传染物质在环境中的扩散输运机理及易感人群感染风险三个环节进行分析，建立了室内人员运动状态下对室内污染物的暴露风险评估思路。本书首先通过实验和数值模拟研究，建立了喷嚏呼出液滴的粒度分布特征与人体生理特征的关系，提出了喷嚏呼出液滴粒度分布的数值模型。其次，开展了一系列小尺寸和全尺寸暖体假人实验及模拟研究，一方面建立了人员运动过程中人体与周围环境间的混合对流换热细节模型，另一方面揭示了人员运动速度及身体外形结构与运动气流速度、尾迹特征及流场分布的定性及定量关系，综合分析了运动人员与周围环境的传热和传质过程。再次，建立了涵盖传染源、传播途径和易感人群的呼吸道传染病风险评估思路。最后，使用实际的呼吸道传染病暴发案例和大规模山火爆发的背景案例进行了实例研究和验证，提出了基于室内人员行为模式并考虑多种情景的人员暴露风险评估方法，为呼吸道传染物质和危险化学品污染物质的防控方案、应急预案等管理政策提供理论依据和技术指导。

本书可供公共安全、建筑设计、人体工效学、航天航空和生物医学等相关领域的科研人员、研究生等参考。

图书在版编目（CIP）数据

室内污染物的扩散机理与人员暴露风险评估 / 翁文国，罗娜，韩朱旸著. —北京：科学出版社，2020.2
（大气污染控制技术与策略丛书）
"十三五"国家重点出版物出版规划项目
ISBN 978-7-03-064064-2

Ⅰ. ①室… Ⅱ. ①翁… ②罗… ③韩… Ⅲ. ①室内空气－空气污染－风险评价 Ⅳ. ①X51

中国版本图书馆 CIP 数据核字（2020）第 014810 号

责任编辑：刘　冉　宁　倩 / 责任校对：杜子昂
责任印制：肖　兴 / 封面设计：黄华斌

科学出版社 出版
北京东黄城根北街 16 号
邮政编码：100717
http://www.sciencep.com
北京通州皇家印刷厂印刷
科学出版社发行　各地新华书店经销
*
2020 年 2 月第　一　版　　开本：720×1000　1/16
2020 年 2 月第一次印刷　印张：14
字数：280 000
定价：**118.00** 元
（如有印装质量问题，我社负责调换）

丛书编委会

主　编：郝吉明

副主编（按姓氏汉语拼音排序）：

柴发合　陈运法　贺克斌　李　锋

刘文清　朱　彤

编　委（按姓氏汉语拼音排序）：

白志鹏　鲍晓峰　曹军骥　冯银厂

高　翔　葛茂发　郝郑平　贺　泓

李俊华　宁　平　王春霞　王金南

王书肖　王新明　王自发　吴忠标

谢绍东　杨　新　杨　震　姚　强

叶代启　张朝林　张小曳　张寅平

朱天乐

丛 书 序

当前，我国大气污染形势严峻，灰霾天气频繁发生。以可吸入颗粒物（PM_{10}）、细颗粒物（$PM_{2.5}$）为特征污染物的区域性大气环境问题日益突出，大气污染已呈现出多污染源多污染物叠加、城市与区域污染复合、污染与气候变化交叉等显著特征。

发达国家在近百年不同发展阶段出现的大气环境问题，我国却在近 20 年间集中爆发，使问题的严重性和复杂性不仅在于排污总量的增加和生态破坏范围的扩大，还表现为生态与环境问题的耦合交互影响，其威胁和风险也更加巨大。可以说，我国大气环境保护的复杂性和严峻性是历史上任何国家工业化过程中所不曾遇到过的。

为改善空气质量和保护公众健康，2013 年 9 月，国务院正式发布了《大气污染防治行动计划》，简称为"大气十条"。该计划由国务院牵头，环境保护部、国家发展和改革委员会等多部委参与，被誉为我国有史以来力度最大的空气清洁行动。"大气十条"明确提出了 2017 年全国与重点区域空气质量改善目标，以及配套的十条 35 项具体措施。从国家层面上对城市与区域大气污染防制进行了全方位、分层次的战略布局。

中国大气污染控制技术与对策研究始于 20 世纪 80 年代。2000 年以后科技部首先启动"北京市大气污染控制对策研究"，之后在 863 计划和科技支撑计划中加大了投入，研究范围也从"两控区"（酸雨区和二氧化硫控制区）扩展至京津冀、珠江三角洲、长江三角洲等重点地区；各级政府不断加大大气污染控制的力度，从达标战略研究到区域污染联防联治研究；国家自然科学基金委员会近年来从面上项目、重点项目到重大项目、重大研究计划各个层次上给予立项支持。这些研究取得丰硕成果，使我国的大气污染成因与控制研究取得了长足进步，有力支撑了我国大气污染的综合防治。

在学科内容上，由硫氧化物、氮氧化物、挥发性有机物及氨等气态污染物的污染特征扩展到气溶胶科学，从酸沉降控制延伸至区域性复合大气污染的联防联控，由固定污染源治理技术推广到机动车污染物的控制技术研究，逐步深化和开拓了研究的领域，使大气污染控制技术与策略研究的层次不断攀升。

鉴于我国大气环境污染的复杂性和严峻性，我国大气污染控制技术与策略领域研究的成果无疑也应该是世界独特的，总结和凝聚我国大气污染控制方面已有的研究成果，形成共识，已成为当前最迫切的任务。

　　我们希望本丛书的出版，能够大大促进大气污染控制科学技术成果、科研理论体系、研究方法与手段、基础数据的系统化归纳和总结，通过系统化的知识促进我国大气污染控制科学技术的新发展、新突破，从而推动大气污染控制科学研究进程和技术产业化的进程，为我国大气污染控制相关基础学科和技术领域的科技工作者和广大师生等，提供一套重要的参考文献。

2015 年 1 月

序

　　人员安全是公共安全领域中最核心的一环。近十几年来，我国公共卫生事件和各类事故灾难频发，如大规模暴发的流感、SARS 传染病疫情，以及"8•12"天津特别重大火灾爆炸事故，均直接或间接地损害周围地区人群的健康，严重威胁着广大人民群众和应急救援人员的生命和健康。

　　在现代社会，人类在室内环境中活动的时间较长，针对在灾害事故发生的过程中，由室内污染物质引发的安全问题的研究更能够有效地保护人类健康甚至生命。针对呼吸道传染物质和危险化学品（以下简称"危化品"）污染物质在人体呼吸道和皮肤的暴露损伤风险研究，一方面是从传染源和感染体入手，研究传染源特征和易感人群的感染风险；另一方面是从污染物质在环境中的传播过程入手，建立人体周围微环境中热和气流组织的变化规律，从而确定污染物质的扩散输运机理。因此，将室内污染物质在人与人之间传播蔓延的全过程分解为产生、传播和作用三个环节，通过实验与数值模拟等研究手段，利用流体力学、生物传热学、生理学等学科知识，建立涵盖传染源、传播途径和易感人群的室内污染物质暴露风险评估思路。这对于保障人体生命安全、降低人体在污染环境中的暴露风险、加强个体防护装备研发等，具有重要的研究价值和实际意义。

　　《室内污染物的扩散机理与人员暴露风险评估》一书研究室内污染物质的扩散机理与人员的暴露风险，一方面，可以从物理规律层面揭示室内人员运动状态下周围微环境中的传热和气流运动特征，建立基于运动特征、人体几何外形的人体和周围微环境间对流换热模式数学模型，并定量分析人体运动尾迹在时间和空间上的演变规律。获得的实验数据和模型不仅可以有效地预测人员在运动过程中与周围环境的交互过程；还可以为进一步构建室内污染物质暴露风险评估体系提供理论依据，为此类突发事件下合理地制定室内疾病预防和处置措施提供理论依据和技术支撑。另一方面，基于对传染源特征和污染物质传播机理的研究，可以进一步提出室内人员在污染环境中的暴露风险评估方法，为人员密集场所呼吸道传染病暴发事故后果评估和应急救援决策提供技术支持和研究支撑，提升救援效率，保障人员生命安全。

　　该书的研究通过真人实验、暖体假人实验、小尺寸模型实验、数学建模及计算流体力学（computational fluid dynamics，CFD）模拟仿真等多种研究方法，综合考虑室内污染物质在人与环境间传播的全过程，先后分析了传染源特征、人员运动行为对周围微环境内传热及污染物扩散规律的机理、易感人群暴露风险三个环节。这一系列成果能够应用于易感人群呼吸道传染病防护方案设计和应对方案效果分析，为室外重度污染环境下室内人员行为决策提供参考，为有效地降低公共卫生事件和危化品泄漏等事故灾难中人员伤亡提供理论基础；还能够应用于人员密集场所室内通风系统设计及优化效果评估，为制定室内污染物质防控方案和应急救援提供理论依据，为突发公共卫生事件应急管理提供决策支持，从而改善并提升应急管理工作中应急救援人员的安全性和工作效率，最终达到保护人民生命财产安全的目的。我愿意将该书推荐给公共安全、建筑设计和生物医学等相关领域的学者、研究人员和研究生阅读，也希望该书作者继续孜孜以求，在灾害环境中人体损伤与个体防护的研究中不断取得新的进展。

中国工程院院士

2019 年 8 月 2 日

前　　言

随着社会经济的快速发展，人类在日常生产生活中的生命安全和健康水平开始受到广泛的关注。在突发公共卫生事件及大规模火灾、危化品泄漏等事故灾难的应急处置过程中，如何最大限度地减弱人体的暴露风险、降低以人类作为承灾载体的致灾后果、保障受灾人员生命和健康安全等，是应急处置环节中需要考虑的重要问题。

开展对传染源特征、人体运动行为对周围微环境内传热及污染物扩散规律的机理研究，并建立基于人体行为的室内人员暴露风险评估方法，能够满足目前在室内人员运动条件下对人体微环境内有害物质传播风险进行精确评估的迫切需求，具有重要的理论意义和应用价值。

第一，揭示室内人员运动状态下微环境中的传热和气流运动特征。通过开展一系列大尺寸和小尺寸的实验和模拟研究，综合传热学、流体力学等多学科，建立人体与周围微环境间对流换热模式与运动特征、人体几何外形的数学模型，并定量分析人体运动尾迹的变化规律，获得的实验数据和模型可以用于进一步构建室内呼吸道传染病的风险评估体系。

第二，建立呼吸道传染病风险评估思路和方法。针对不同呼吸道传染病的病理特征和传播方式，提出了综合考虑呼吸道传染病传播蔓延过程、多种情景假设及空间环境等因素的呼吸道传染病风险评估方法，并使用实际的传染病暴发案例进行了实例研究和验证，为人员密集场所呼吸道传染病暴发事故后果评估和应急救援决策提供技术支持和研究支撑。

第三，指导突发事故的应急救援工作。火灾和危化品泄漏事故及大规模暴发的公共卫生事件均将导致人体皮肤和呼吸道的暴露损伤，甚至危及人体生命安全。结合室内污染物质传播风险评估方法，可以对不同灾害事故、不同环境条件下的人体暴露风险进行评估，为此类突发事件下合理地制定室内疾病预防和处置措施提供理论依据和技术支撑，提升救援效率，保障人体的生命安全。

本书针对传染源特征进行分析，并开展人体运动行为对周围微环境内传热及污染物扩散规律的机理研究，通过真人实验、暖体假人实验、小尺寸模型实验、数学建模及 CFD 模拟仿真等研究方法，系统性分析了喷嚏呼出液滴的粒度分布特征，揭示了室内运动人员在非稳态条件下与周围微环境间传热效果和气流扰动机理，建立了室内环境下考虑人体行为的污染物暴露风险评估思路和方法；通过研究室内污染物质传播过程中传染源—环境—被感染者之间的传热和扩散原理，评估了被感染者在不同情境下的暴露风险，最终实现了对室内人员安全指标的预测和研判。

本书在国家重点研发计划项目（2016YFC0802801）、国家杰出青年科学基金项目（71725006）等资助下完成，在此深表感谢！

由于作者水平有限、时间仓促，书中难免存在疏漏之处，恳请读者和同行批评指正。

作　者

2019 年 8 月 1 日

目　　录

第1章 绪 论

1.1 研究背景与意义

1.1.1 研究背景

公共安全是国家强盛和社会安定的重要保障,是经济可持续发展的基本前提,是人民幸福生活的坚强后盾[1]。现如今,随着社会经济的快速发展,城市发生的突发公共安全事件日益增多,所造成的后果日渐加重。而在城市化进程不断加快,人民生活质量不断提升的同时,人类对于健康的需求和评价标准也日渐提升。因此,人类在日常生产生活中的生命安全和健康水平开始受到广泛的关注,特别是在突发事件应急处置过程中,最大限度地降低以人类作为承灾载体的致灾后果、保障受灾人员生命和健康安全是应急管理中重要的一环[2]。

依据我国现行的《中华人民共和国突发事件应对法》,影响公共安全的突发事件可以分为自然灾害、事故灾难、突发社会安全事件和突发公共卫生事件。在四种突发事件类型中,公共卫生事件的影响范围及发生频数均位居首列,对人类健康乃至生命安全造成直接的伤害和威胁。其中,发生频率最高的突发性传染病疫情不仅造成人员的伤亡,还极易引起民众的恐慌,严重威胁着人类的身体和心理健康。世界卫生组织(World Health Organization,WHO)数据显示,在2002~2003年期间,大规模暴发的严重急性呼吸综合征(severe acute respiratory syndrome,SARS)造成全球二十余个国家和地区内合计8000余人感染,774人死亡[3, 4]。SARS在我国的疫情也十分严重,全国范围内共发现5327名感染病例,349人死亡[5]。而世界卫生组织的报告显示,全球范围的流感疫情更是进入20世纪以来不断困扰人类的"死亡杀手"[6]。如1918年由H1N1型病毒引发的"西班牙流感"[7, 8]、1957年由H2N2型病毒引发的"亚洲流感"[9]、2009年在全球范围内传播的甲型H1N1流感[10],在造成数千万人死亡的同时[11],还造成了数十亿美元的经济损失[12],并引起远超过疫情持续时间的社会恐慌,阻碍了社会的发展与进步。

除了大规模暴发的传染病疫情外,在四大类突发公共安全事件中,其他三类突发事件,如地震引发的大面积火灾灾害或工业用地的大规模危化品泄漏事故等,也将通过其次生衍生灾害对周围地区人群的健康造成损伤。很多研究表明,患有哮喘、心脏病及慢性阻塞性肺病的人群,以及老人和儿童等抵抗力较弱的群体,在火灾及危化品泄漏源周边地区暴露过长时间将诱发严重的呼吸道或心肺功能紊乱等疾病[13, 14]，火灾引发的烟雾环境还将对孕妇及胎儿的健康造成一定程度的影响，导致早产、胎儿体重偏低等不良结果[15, 16]。近年来，霾污染也逐渐演变为我国城市的主要大气污染之一，由雾霾导致的人体呼吸系统疾病急剧增加，严重威胁人类的生命和健康[17]。霾污染是一种大量微小烟尘等颗粒悬浮在空气中，使空气出现混浊、能见度小于 10 km 的天气现象[18]。霾污染中大量极细微的气溶胶颗粒能够通过呼吸作用进入人体呼吸系统、肺泡乃至血液，对人体造成伤害，诱发如呼吸道和心血管疾病甚至肺癌等严重的人类健康问题[19]。

由此可见，四大类突发公共安全事件都将直接或间接地作用于人类这一承灾载体，严重威胁着人类的健康、生产和生活。因此，为了更好地抑制传染病疫情的传播和恶化，降低污染物质对人群的作用效果，进而促进公共健康服务水平和能力的提升，应该围绕人体所在环境，提高精细化实验系统能力，研究传染物质的扩散和传播机理，制定人体在污染环境下的防护策略，最终建立有效的、综合性的人体安全防控方案。

现代社会中，人类在各类室内环境中活动的时间较长，约占每日时间的 87%[20]，老人和儿童等弱势群体在室内环境活动的时间更久。因此，相比于室外环境，室内环境对人体健康的影响更为明显，室内环境安全问题更能直接危害人类健康甚至生命。许多传染病的病原体颗粒物以室内空气为传播媒介，在室内人员中进行传播[21]，感染疾病的风险较高。同时，室内装潢材料和家居设备等也会散发出有毒有害物质。长期暴露在含有大量臭氧、甲醛及可吸入性颗粒物的环境中的人员罹患心肺功能疾病的概率极大[22]。研究表明，室内空气的气流组织很大程度上决定了空气中污染物质的流动及扩散方向，室内空气为各种污染物质提供了主要的传播媒介及路径[23, 24]。但同时，人体与周围微环境之间的相互作用过程对于传染物质的传播也十分重要，甚至对人体的呼吸过程产生直接的影响。在不同的研究问题中对微环境的定义各有不同，但在室内环境研究领域，微环境或微气候（microenvironment/microclimate）大多是指人体周围直接影响呼吸的区域，即相比于整个室内环境而言，靠近人体的较小范围的环境[25-27]。有研究表明，当人体靠近污染或病毒物质源时，其暴露浓度与室内充分混合的气流基本无关，即人体所处的微环境几乎不受整个房间的通风效应的影响[28, 29]。因此，为了精细地评估室内人员的暴露感染风险，研究其所在微环境的换热和气流运动规律比研究整个室内的气流组织模式更有意义[30-32]。提升微环境内的空气质量，将在很大程度上提升人体的热舒适性和呼吸环境质量，并有助于进一步防止污染物质的传播和扩散。

然而，在现行的室内环境研究及通风气流设计中，通常会将人员视为静止的热源或传染源，忽略了室内人员活动行为对于室内温度场和流场的影响这一重要因素。但是室内人员在实际日常生活中并非静止不动，而是经常产生移动、摆臂、就座等姿态和动作[33]，而且这些日常行为已经被一些研究证实将对室内温度分布、气流运动特征及污染物浓度分布造成明显的影响[34]。Brohus 等通过调查研究发现，助手护士在手术中的走动行为，特别是进入洁净手术间的行走过程，将极大程度地提高洁净手术间的病菌物质浓度，并作用于患者的手术切口位置，增加手术风险和后遗症概率[35]。SARS 病毒物质的传播规律也受到人员行走行为的影响，Olsen 等的调研结果显示，在机舱内与 SARS 病毒携带者相距 7 排座位以外的人员也感染了该疾病，因此预测出机舱内的人员行为可增大病毒传播的影响范围[36]。而进一步研究表明，人员走动行为引起的病菌物质最大传播范围将超过 7 排座位长度，间接证明了该机舱中的受感染患者确实是由于人员运动行为促进 SARS 病毒发生长距离传播，进而发生了感染[37]。Mazumdar 等也对人员行为产生的影响开展了相似研究，结果显示看护者更换床单、来回走动，探访者打开门进入病房并靠近病床的一系列行为将影响房间内污染物质的浓度分布，从而降低通风排浊效率[38]。以上调查和研究成果揭示了人员在室内的运动行为对室内气流运动和污染物浓度分布不可忽视的影响，这种影响一般作用于人体所在的微环境，增大了室内人员的污染物质暴露风险。因此，围绕人员活动的室内场所，有必要研究人员运动行为对其周围环境中气流及污染物质分布的影响机理，评估其对人体舒适性和污染物质感染风险的影响程度，并将其进一步应用于室内环境设计和应急策略制定中。

1.1.2 研究目的和意义

室内环境安全问题将在很大程度上影响人类的日常生产和生活。在人员活动室内场所中，污染物质的扩散传播主要受室内气流组织和人员运动行为的综合影响，并在人体周围的微环境内对人体产生作用。因此，研究运动人员与周围微环境内的相互作用效果能够从根本上解释和预测室内人员的暴露风险水平。

针对目前在室内人员运动条件下对人体周围微环境内有害物质传播风险进行精确评估的迫切需求，本书主要运用了传热学、流体力学及风险评估方法等多种研究方法，围绕室内运动人员所处的微环境内的传染源特征、传热和传质过程开展一系列实验和数值模拟研究，整体把握污染物质在运动人体周围微环境内的传播过程和影响机理，建立室内人员运动条件下的传热效果计算模型，给出了室内人员的运动行为对微环境中气流运动特征的定性和定量作用效果，评估和预测了室内人员在运动条件下对污染物的暴露风险。

1. 揭示运动状态下室内人员周围微环境中的传热和气流运动特征

通过开展一系列大尺寸和小尺寸的实验和模拟研究，综合传热学、流体力学等多学科，建立人体与周围微环境间对流换热模式与运动特征、人体几何外形的数学模型，并定量分析人体运动尾迹的变化规律，获得的实验数据和经验公式可以用于进一步构建室内呼吸道传染病的风险评估体系。

2. 建立室内呼吸道传染病风险评估思路和方法

针对不同呼吸道传染病的病理特征和传播方式，提出了综合考虑呼吸道传染病传播蔓延过程、多种情景假设及空间环境等因素的呼吸道传染病风险评估方法，并使用实际的传染病暴发案例进行了实例研究和验证，为人员密集场所呼吸道传染病暴发事故后果评估和应急救援决策提供技术支持和研究支撑。

3. 指导突发事件的应急救援工作

火灾和危化品泄漏事故及大规模暴发的公共卫生事件均将最终导致人员皮肤和呼吸道的暴露损伤，甚至危及人员生命安全。结合室内污染物质传播风险评估方法，可以对不同灾害事故、不同环境条件下的人员暴露风险进行评估，为合理地制定此类突发事件下室内疾病预防和处置措施提供理论依据和技术支撑，提升救援效率，保障人员的生命安全。

综上所述，结合呼吸道传染物质在人与人之间传播蔓延的主要过程，针对传染源特征、传染物质在环境中的扩散输运机理及易感人群感染风险分析三个环节进行分析，建立室内人员运动状态下对呼吸道传染物质和危化品污染物质的暴露风险评估思路，能够满足目前在室内人员运动条件下对人体微环境内有害物质传播风险进行精确评估的迫切需求。

1.2 国内外研究现状

1.2.1 传染源研究

传染源研究主要是研究病源患者呼出传染物质的过程。呼吸道传染病的传播蔓延始于疾病感染者呼出带有病原体（细菌、病毒）的传染物质，该过程涉及咳嗽、喷嚏、呼吸、说话等多种呼吸行为（respiratory activity），具体特征包括呼出液滴粒度分布、呼出气流流量率、呼出气流方向和口鼻张开面积等[39]。这些生理特征和空气动力学特征将会影响传染物质在室内环境中的扩散输运，从而改变呼吸道传染病的传播蔓延过程。

呼吸道传染病感染者在咳嗽、打喷嚏、呼吸、说话的过程中，会以一定的速度和方向呼出大量气体，同时呼出大量液滴。这些液滴中携带有大量的传染物质，是传染病传播的重要媒介，对呼吸道传染病传播蔓延有重要影响。易感人群能否接触这些传染物质、接触多少剂量的传染物质，取决于这些传染物质在空气中飘浮的时间及运动的距离。在相同的室内通风环境中，这些因素主要取决于传染物质的大小[40]。通过观察人工雾化的伊红溶液在空气中飘浮的空气动力学特征发现，直径大于 200 μm 的液滴掉落在地面上会在几秒钟内消失，而直径小于 20 μm 的液滴则会在空气中飘浮几分钟甚至几小时[41]。而对于由纯净的水构成的液滴，直径大于 100 μm 的液滴将会在 1～2 s 内掉落在地上，而直径小于 100 μm 的液滴则会在掉落到地面前不断蒸发，并形成"液滴核"，这些"液滴核"可以在空气中飘浮很长时间[42]。对于主要由唾液组成的液滴，其蒸发过程相对更慢，但仍主要取决于液滴的大小。通过使用计算流体力学方法对这些液滴在空气中扩散的过程进行数值模拟也发现，液滴在室内空气流场中的扩散与液滴的空气动力学直径直接相关[42-46]。此外，液滴的大小也会进一步影响易感人群的暴露水平和感染该传染病的可能性[47-49]。因此，在传染源研究中，精确地测量、研究病源患者呼出液滴的粒度分布对传染病预防、控制与防护具有重要意义[50]。

目前，已有大量针对咳嗽[40, 51-57]、喷嚏[51, 52, 58, 59]、说话[50, 57, 60]和呼吸[40, 54, 57, 61-66]等不同呼吸行为呼出液滴粒度分布及呼出气流中液滴浓度和液滴数量[53, 54, 67-69]的研究。表 1-1 总结了现有的关于呼吸行为呼出液滴粒度分布的研究，包括研究的测量方法（或技术）、研究的呼吸行为、研究结果等。如表 1-1 所示，通过各种呼吸行为呼出的液滴的大小介于 0.15～2000 μm 之间，采用较多的研究方法包括固体冲击（solid impaction）[40, 51-53]、光学测量技术[54, 60-62]、气溶胶采样[55, 56]等。然而，虽然现在已经采用多种不同方法对呼出液滴粒度分布进行实验测量，但测量结果之间仍然存在显著的差异性，而且尚没有具有普遍适用性的研究结果，液滴收集装置、实验装置及蒸发作用等因素都会对测量结果产生一定影响[50, 60, 70-73]。

表 1-1　呼出液滴粒度分布研究现状

研究学者与时间	测量方法或测量技术	测量对象	呼吸行为	研究结果
Jennison，1942[58]	高速照相（High-speed Photograph）	—	咳嗽、喷嚏	大部分液滴的大小介于 7～100 μm 之间
Duguid，1945 和 1946[40, 51]	固体冲击	1 位健康实验者	咳嗽、喷嚏	大小范围为 1～2000 μm；95% 的液滴的大小介于 2～100 μm 之间
Buckland 和 Tyrrell，1964[59]	液体冲击（Liquid Impaction）	2 位感染未知疾病的患者	咳嗽、喷嚏、说话	大小范围为 50～860 μm；76% 的液滴的大小介于 80～180 μm 之间
Gerone 等，1966[52]	固体冲击	1 位柯萨奇病毒 A 感染者	咳嗽、喷嚏	大部分液滴小于 1 μm（未测量大尺寸液滴）

续表

研究学者与时间	测量方法或测量技术	测量对象	呼吸行为	研究结果
Loudon 和 Roberts, 1967[53]	固体冲击	3 位健康实验者	咳嗽、说话	咳嗽呼出液滴的直径的几何均值为 55.5 μm,说话为 85 μm
Papineni 和 Rosenthal, 1997[54]	光学粒子计数器(Optical Particle Counter)和固体冲击	5 位健康实验者	咳嗽	85%的液滴小于 1 μm
Fennelly 等,2004[55]	咳嗽气溶胶采样系统(Cough Aerosol Sampling System)和固体冲击	16 位肺结核患者	咳嗽	大部分液滴的大小处于可吸入颗粒物的范围
Hersen 等,2008[47]	电子冲击(Electrical Impaction)	35 位健康实验者和 43 位疾病患者	咳嗽	健康人和疾病患者的呼出液滴粒度分布不同
Edwards 等,2004[61]	光学粒子计数器	12 位流感患者	呼吸	大小范围为 0.15~0.19 μm
Yang 等,2007[56]	空气动力学粒度仪(Aerodynamic Particle Sizer)和扫描移动性粒度仪(Scanning Mobility Particle Sizer)	54 位健康实验者	咳嗽	大小范围为 0.62~15.9 μm;液滴直径的平均值为 8.35 μm
Fabian 等,2008[62]	光学粒子计数器	12 位流感患者	呼吸	87%的液滴的直径小于 1 μm
Chao 等,2009[60]	干涉米氏成像技术(Interferometric Mie Imaging Technique)	11 位健康实验者	咳嗽、说话	咳嗽呼出液滴的直径的几何均值为 13.5 μm,说话为 16 μm
Johnson 和 Morawska,2009[57]	空气动力学粒子计数器和液滴沉淀分析仪(Droplet Deposition Analyzer)	17 位健康实验者	呼吸、说话	粒度分布满足 BLO 三态模型*
Xie 等,2009[50]	固体冲击和光学技术(Optical Technology)	7 位健康实验者	咳嗽、说话	平均大小为 50~100 μm
Fabian 等,2011[69]	光学粒子计数器	3 位健康实验者和 16 位鼻病毒感染者	呼吸	82%的液滴的直径介于 0.300~0.499 μm 之间

* BLO 表示支气管、喉、口腔。

当呼吸道传染病感染者呼出携带传染物质的液滴时，其呼出气流的速度、方向等因素也将决定液滴的初始运动状态，并进而影响传染物质在室内环境中的扩散输运。在呼吸道传染病感染者的多种呼吸行为中，咳嗽和喷嚏具有很高的呼出气流速度和液滴浓度，但发生频率相对较小；呼吸和说话的呼出气流速度较低，但发生频率相对较高。近年来，国内外学者陆续对这几种呼吸行为的空气动力学特征进行了实验研究。Gupta 等[39]使用一种基于 Fleish 型呼吸速度扫描的肺活量计对咳嗽的空气动力学特征进行了实验研究，结果显示咳嗽的呼出气流流量率可以用 γ 概率分布函数定量表示，而咳嗽峰值流量率(cough peak flow rate,CPFR)、咳嗽呼出气流总体积(cough expired volume，CEV)、咳嗽呼出气流峰值速度时间(peak velocity time，PVT)等分布参数与人的身高、体重、性别等生理特征有直接的定量关系；Gupta 等[74]又使用同一种技术对呼吸和说话的空气动力学特征进行了实验测量，结果显示呼吸的呼出气流流量率与时间满足正弦函数关系，呼吸频率（respiration frequency，RF）、每分钟呼吸气流体积（minute volume，MV）和单次呼吸气流体积（tidal volume，TV）等分布参数与人的身高、体重、性别、皮肤表面积等生理特征有直接的定量关系；此外，对于说话和交谈，其呼出气流流量率与说话内容、语音语调有关。

总的来看，现有研究已经在呼出气流流量率、呼出气流方向及呼出液滴粒度分布等方面取得了一定的研究成果。然而在人呼出液滴粒度分布实验研究方面，现有的研究仍然存在一定不足。例如，在采用固体冲击法进行实验测量时，所使用的收集装置会明显改变液滴的形状，并进而导致液滴大小的测量结果不准确；对于使用染料进行唾液标记的测量方法，口含染料将会引起实验人员的不适，并进而改变实验人员的咳嗽、喷嚏等行为特征[50]；使用光学技术、光学计数器进行测量时，测量结果的准确性主要依赖呼出液滴的光学特性和空气动力学直径[72]；当液滴暴露在空气中时，液滴中的水分会持续蒸发，并导致液滴尺寸不断减小[60]；在实验测量过程中，部分液滴可能会掉落到测量区域之外，未能得到成功测量，因而测量到的液滴的数量也会影响结果的准确性[73]；当测量装置的量程有限、只能测量一定直径范围内液滴的粒度分布时，测量结果将严重依赖于测量仪器的量程区间。因此，液滴收集装置、实验方法、测量技术及蒸发作用都会对测量结果产生不可忽视的影响[50, 60, 70-73]。此外，目前国内外对于喷嚏呼出液滴粒度分布的研究依然十分有限[71, 75]。

1.2.2　人体与环境间的传热效果研究

近几十年来，研究学者对人体与环境间的换热细节十分关注。根据传热学知识，人体与周围空气间的传热方式有对流换热和辐射换热两种，其中对流换热的影响因素最为广泛[76]。对流换热系数这一物理量表征了对流换热发生的速率，研究其与各影响因素之间的关系能够反映对流换热量在不同条件下的发生强度。理论层面上，牛顿冷却定律仅为对流换热系数的定义式，未揭示其与各影响因素间的内在联系[77]，非常不利于工程方面的设计。因此，采用实验的方法研究对流换热系数与各影响因素间的关系是目前行之有效的方法。近些年来，国内外学者对此问题进行了一系列实验和数值模拟研究[78]。现如今，科学界依旧没有对其中的一些问题给出准确的解答，这将为下一阶段的研究指明方向。

测量人体与环境间对流换热系数的实验研究可追溯到 20 世纪 60 年代。1967 年，Colin 与 Houdas 通过实验获得了静止人体的平均对流换热系数，该系数为 $5.1 \, \text{W}/(\text{m}^2 \cdot \text{K})$[79]，这一结果也在之后的几十年中不断被修正，研究成果也逐渐由人体平均对流换热系数细化到人体四肢、躯干等部位的对流换热系数。表 1-2 列举了早期一些学者对人体平均对流换热系数的测量结果，表 1-3 列举了一些实验研究对人体四肢、躯干等部位对流换热系数的测量结果。

表 1-2　对静止人体在空气中对流换热系数的研究

作者	年份	研究方法	人体姿势	环境风速条件（m/s）	对流换热系数[W/(m²·K)]
Murakami 等[80]	1995	数值模拟	站立	<0.12	3.9
Brohus[81]	1997	实验测量	站立	<0.05	3.86
de Dear 等[82]	1997	实验测量	站立	<0.1	3.4
de Dear 等[82]	1997	实验测量	静坐	<0.1	3.3
Topp 等[83]	2002	数值模拟	静坐	0.05	7.4
Sørensen 和 Voigt[84]	2003	数值模拟	静坐	<0.12	3.13
Ono 等[85]	2008	实验和数值模拟	站立	<0.1	3.9

表 1-3　静止人体在空气中身体各部位的对流换热系数　［单位：W/(m²·K)］

身体部位	Sørensen 和 Voigt[84]	de Dear 等[82]	Silva 和 Coelho[86]	Yang 等[87]
头部	3.62	3.7	0.6	6.2
肩部	2.71	3.4	4.6	5.9
胸部	2.38	3.0	2.7	3.8
背部	2.23	2.6	2.1	2.4
手臂	3.82	3.8	6.0	6.3
手	4.50	4.5	4.4	5.9
臀部	2.80	2.8	3.4	3.1
腿部	3.18	3.7	4.4	3.9
脚	4.66	4.2	6.2	5.6

随着暖体假人和风洞环境舱等实验设备不断完善，研究学者通过风洞构建了人体的动态热环境，并利用暖体假人设备开展了不同风速、风向、人体与环境间温差及假人姿态对静止假人的平均及身体各部位对流换热系数影响的实验研究。同时，研究学者也开展了假人在静止空气中原地摆臂、摆腿的运动实验，以测量局部运动状态下的对流换热系数值。表 1-4 列举了近十几年关于人体与动态热环境间对流换热效果的研究，包括研究的实验条件、环境变量及关注的研究结果等。

表 1-4 人体在动态热环境中对流换热效果的研究情状

研究学者及时间	实验环境类型	人体姿态	环境变量	关注的对流换热类型
de Dear 等，1996[82]	风洞环境	站立	风速、风向	强迫对流
Quintela 等，2004[88]	室内环境	站立、端坐、平卧	温差	自然对流
Kurazumi 等，2008[89]	室内环境	多种站姿、多种坐姿	温差	自然对流
Yang 等，2009[90]	风洞环境	站立、久坐	风速	强迫对流
Oliveira 和 Gaspar，2012[91]	室内环境	四肢摆动	温差、四肢摆动速度	强迫对流
Li 和 Ito，2014[92]	风洞环境	站立	风速	强迫对流
Oliveira 等，2014[93]	风洞环境	站立	温差、风速	自然对流和强迫对流

1996 年，de Dear 等首次在风洞实验中测量了不同风速及风向条件下静止人体的对流换热系数[82]，并由此获得了对流换热系数与相对风速间呈现幂指数关系的结论。人体平均对流换热系数与风速的幂指数关系式为 $h_{con} = 10.3v^{0.6}$。躯干部位的对流换热系数低于四肢部位的对流换热系数，而在四肢中，大腿及大臂的对流换热系数比小腿及小臂的数值小。另外，风向只对少数身体部位的对流换热系数产生影响，如小腿及手脚部位。当这些部位迎风时，对流换热系数值最大，但此效果并不明显。

2004 年，Quintela 等进行了站、坐、卧三种姿态的假人实验，提出了在自然对流状态下对流换热系数与人体环境间温差的关系[88]。实验结果发现，辐射换热系数受人体姿态的影响较小，对流换热系数受站姿和坐姿的影响同样较小，而卧姿对对流换热系数影响较大。2008 年，Kurazumi 等对人体不同的坐姿和站姿条件下人体与环境间的自然对流过程进行了实验研究，测量并建立了自然对流换热系数与人体环境温差间的定量关系式[89]。2009 年，Yang 等在风洞条件下分别采用站立和久坐的暖体假人测量不同风速条件下的对流换热系数，发现四肢等部位的对流换热系数与身体平均对流换热系数存在较大差距[90]。2012 年，Oliveira 和 Gaspar 在实验中对人体与环境间温差及人体四肢摆动速度这两个因素对对流换热系数的影响进行了研究[91]。研究结果显示，当四肢摆动速度和人体与环境间温差均最大时，对流换热系数最大，进而提出对流换热系数与摆动速度和温差呈正相关的结论。2014 年，Li 和 Ito 开展了强风条件下人体对流换热系数的风洞实验[92]。实验中风速的设定范围为 1.08～12.67 m/s，对应于实际生活中强热带风暴天气或登山环境中的风速值，实验结果显示超高风速将导致人体极大的强迫对流热量损失，对流换热系数达到 76 W/(m²·K)。同年，Oliveira 等在风洞环境中分别开展了人体在静止和不同风速条件下的对流换热系数实验测量,实验中风洞设定风速的范围为 0~10 m/s,分别对应于由自然对流主导到强迫对流主导的变化范围[93]。

目前此类实验研究均为将暖体假人放入密闭风洞环境中,通过风洞和暖体假人参数调节,实现不同的环境和人体参数设定。此类风洞实验存在一定优势,首先,实验过程中暖体假人一般处于静止或四肢摆动状态,操作相对简单;其次,测量过程中暖体假人仍然处于稳态的风洞环境,测量结果也比较准确。然而其存在的问题是,利用风速来模拟人体运动速度,并不能很好地获得实际情况下由人员瞬间移动引起的非稳态换热效果。因此,真实运动的对流换热系数实验研究在细节上更能贴近实际设计的需求,具有一定的研究意义,是研究的趋势所在。同时,现有的研究根据人员运动速度的大小对自然对流和强迫对流的发生进行判定,并对两者分别展开测量和研究,尚缺乏对于人员运动过程中强迫对流和自然对流混合状态的定量分析。这一部分内容将成为运动人体与环境间对流换热细节和机理研究的重要补充[94]。

1.2.3　人体周围微环境中的气流特征研究

在早期室内通风设计研究的基础上,近十多年来,国内外学者围绕人员运动行为对室内气流运动和污染物扩散规律的影响开展了一系列实验研究。从实验方法上总结,此类实验研究可以分为直接实验和间接模型实验两大类[95]。直接实验是指在全尺度的实验环境内,通过真人或近似人体模型产生的运动行为,测量气流组织在时间和空间上的变化规律;间接模型实验是指在风洞或构建的小尺度实验舱体中开展测量精度更高的实验测量,这种方法获得的结论可以应用到相似条件下的全尺度环境中。

在直接实验中,主要通过设计真人或人体模型整体或局部身体部位的运动,测量并分析其对流场的影响效果。Hillerbrant 和 Ljungqvist 开展了手术中医生手部行为的真人实验,认为手部的局部运动对患区周围流场产生了一定的影响,极有可能增加手术部位的细菌感染风险[96]。Eisner 等在实验中通过设计机械腿来模拟人在步行时的脚部运动行为,并测量了迈步行为引起的气流和污染物运动规律[97]。实验结果揭示了抬脚动作对气流运动的影响效果,提出了人在行走时的抬脚动作将引起脚部周围的污染物产生明显的向外扩散趋势。Matsumoto 等研究了不同人员移动速度对室内气流运动特征的影响,获得了较高的运动速度会降低室内平均空气龄的结论,实验中室内环境采用置换通风的方式,运动速度的范围为 0~10 m/s[98]。Zhang 等测定了在机舱环境中移动的长方体对周围气流速度的影响效果,并将实验数据用于对数值模拟方法的验证中[99],同时在实验结果的基础上解释了机舱中 SARS 病毒的长距离传播和感染现象[100]。Cheng 和

Lin 在房间内对真人志愿者开展了实验，测量了在层式通风条件下人体周围的气流分布特征[101]。此类真人实验较模型实验更贴近实际情况，且能实现更复杂的身体动作，但对实验方法的局限性较强，可重复性差。暖体假人也是运动实验中常用到的模型设备，Han 等在走廊环境中利用暖体假人和长轨道实现了人体的较长距离运动，并利用风速仪等设备测量了运动过程中环境气流的变化规律[102]。这些实验研究的成果充分证明了人体的整体或局部运动行为将改变周围空气流的运动特征，进而影响病毒和污染物质的扩散规律。但 Poussou 等认为，大尺度房间内得到的实验数据在精度上无法达到验证数值模型的目的，更多小尺度精细实验的开展十分必要[103]。

在采用近似人体模型开展气流运动实验时发现，人体的四肢几何形态也对其周围的流场分布产生影响。早期的研究一般将人体近似为一个圆柱体，在人员移动过程中，气流绕过人体的运动机理也被近似认为与圆柱绕流的特征相同。Okamoto 和 Sunabashiri 对不同纵横比的圆柱体进行了对比研究，认为纵横比为 3 的圆柱体最接近于人体形态[104]。Meneghini 和 Saltara[105]及 Sumner[106]分别对两个并列的圆柱体组合开展了流体实验研究，通过改变两个圆柱体之间的距离，模拟人体的上肢和躯体及下肢两腿之间的空隙，并测量气流流过的速度和涡团特征，提出了人体几何形态对运动尾迹产生不同影响的结论。Yan 等也在近期的研究中揭示了细化的人体形态对周围热环境的影响不容忽视[107]。

因此，随着对人员运动条件下气流运动细节特征及人体几何形态影响效果细节的关注不断提升，加上近几年实验设备的精细化程度不断提高[108]，越来越多的学者采用间接实验的方法对流场变化和污染物质传播的细节开展研究。在测量方法的选择上，一般来说，对空间内流场速度的测量主要有点式测量法（point-wise）和全局测量法（global-wise）两种。点式测量法所采用的技术有皮托管风速仪、热线风速仪[109]、热球风速仪、超声风速仪[110]及激光多普勒风速仪[111-113]等，在测量过程中仅获得所在测量点的气流速度信息，仪器本身还会对原本的流场产生扰动，因此非常不适用于对人员运动条件下的流场进行测量[114]。相比之下，全局测量法，如粒子跟踪测速技术[115, 116]、粒子条纹测速技术[117-119]和数字粒子图像测速技术（digital particle image velocimetry，DPIV），利用光学原理，在不干扰流场的基础上获得示踪粒子的位置统计信息，进而计算得到区域内的气流运动速度。其中，DPIV 被认为是流场测量的最佳方法[120, 121]，广泛应用于多种流场测量实验中[122-126]。Poussou 等在水槽小尺度实验舱体中，利用 DPIV 和平面激光诱导荧光技术（planar laser induced fluorescence，PLIF）设备精确测量了移动圆柱体的尾迹演变规律，预测了人体运动对污染物质扩散的可能影响[103]。Karava 等利用 DPIV 设备精确测量了一个小尺度单区模型内的穿堂风的气流运动特征[127]。Licina 等采用 DPIV 和伪彩可视化技术（PCV）设备对一个呼吸假人的面部呼吸区域进行测量，研究了不同呼吸速率和呼出方向条件下面部周围气流的运动特征[128]。Elhimer等使用高速 DPIV 设备精确测量并分析了圆柱体运动过程中附近气流的黏性特征和湍流特性[129]。

近年来的实验研究表明，室内气流组织的变化规律一方面受到室内通风方式的影响；另一方面，人员运动行为对气流运动和循环的作用效果也同样不容忽视。室内空气的流动特征将直接影响病毒和污染物质的传播方式，间接决定了室内人员对病毒和污染物质的暴露风险。因此，现有关于室内流场变化规律的实验研究成果在室内环境评估、洁净室设计及传染病防控等应用领域均具有重大的理论价值和指导意义[130, 131]。然而，人员多种运动行为对微环境内气流运动方式的作用细节尚没有形成系统的研究成果，特别是缺乏身体各部位对流场影响的高精度实验测量结果及定量的气流运动特征分析[132]。同时，实验研究由于受成本高、工况局限性大等缺点的限制，尚无法被广泛地应用于实际的工程技术和政策制定中，因此，在数值模拟方法逐渐发展为一种高效的研究手段的同时，仍缺乏利用高精度测量设备获得的可用于精确验证数值模拟方法的实验数据[133-135]。

气流速度的测量方法及流场环境的控制方法严重影响着空气流场实验的结果，特别是对人员运动扰动条件下周围流场的测量实验，在开展和精确性保证上存在一定的难度[114]。因此，计算流体力学（computational fluid dynamics，CFD）方法在目前被认为是获得流场细节变化规律和污染物扩散规律的有效方法[135-138]，一些模拟方法和结论也被广泛应用于传染病风险预测中[137, 140]。

近十多年来，许多数值模拟研究也围绕室内人员运动行为对周围气流运动特征及污染物浓度分布的影响方面开展，并在方法和结论上取得了一定的成果。2005 年，Edge 等采用 CFD 方法精确模拟了人员运动导致的非稳态尾迹的特征，认为在运动过程中，人体腿部附近存在一个非稳态涡团脱落区域，躯干后方存在明显的流线形尾迹[141]。2010 年，Mazumdar 等采用 CFD 方法模拟了置换通风的病房环境内人员的走动行为，研究表明，在置换通风的病房内，看护者为患者更换床单、来回走动，以及探访者打开门进入病房并靠近病床的一系列行为将影响房间内污染物质的浓度分布，从而降低通风排浊效率[142]。2007 年，Shih 等模拟了人员移动条件下的医院隔离病房气流分布特征，对比分析了不同运动速度对室内气溶胶颗粒物扩散作用的不同影响，认为运动速度不会对污染物质的扩散产生明显影响[143]。但后来，Wang 和 Chow 在 2011 年通过 CFD 模拟隔离病房中人体呼出液滴颗粒的扩散过程，得出了不同的结论[144]，他们研究认为，人员的运动行为明显对其周围的气流分布产生影响，进而影响呼出液滴的悬浮结果，运动速度越大，悬浮液滴总数越小。同年，Mazumdar 等利用 CFD 方法模拟了机舱环境中的人员运动行为，并分析了由运动导致的尾迹运动特征和污染物扩散规律，结果显示人体周围的污染由于运动的作用进入运动轨迹，并随着运动人体扩散到较远的位置，间接解释了 SARS 病毒在飞机舱体内的实际传播案例[145]。2012 年，Choi 和 Edwards 模拟了开门、关门的动作及人员通过门从污染房间走向洁净房间的过程，认为人员行走的速度直接影响了污染物质进入洁净房间的总量，即速度越大，带入的污染物质总量越低[146]。2014 年，Han 等采用数值模拟方法模拟了人员在长走廊和机舱内的走动行为，采用实验测量数据对结果进行验证，并分析了人员的污染物质暴露风险[102, 147]。2016 年，Sajjadi 等采用不同的数值模拟方法模型对室内气流运动特征和颗粒物悬浮状态进行了模拟[148]。

在 CFD 模拟方法的选择上，三种模拟湍流过程的方法分别为直接数值模拟、雷诺平均和大涡模拟方法。其中，直接数值模拟方法不必人为设定湍流模型，直接求解非定常 N-S 方程组，获得包括小尺度结构的瞬时湍流运动信息及其随时间的动态演变，这种方法虽然具有非常高的计算精度，但对于计算机内存和计算时间要求极高，因此仅适用于研究雷诺数较小的湍流的基本物理机理[149-152]。相比之下，雷诺平均方法和大涡模拟方法并不直接求解三维非定常 N-S 方程组，而是分别从不同角度对 N-S 方程进行一定程度的近似，获得近似条件下的流场信息[153-155]，降低数值模拟的计算量。因此，在目前对室内环境模拟的研究中，基本都是采用雷诺平均方法[156-160]和大涡模拟方法[161-164]。但由于两者对 N-S 方程组的近似角度不同，这两种模拟方法各自存在着其优缺点和适用性，需要根据具体关注的研究对象选取合适的模拟方法。Chen 对比研究了雷诺平均方法中使用不同的 k-ε 模型得到的室内流场结果，根据研究对象的流场形状和边界条件，修正了模型中的常数[165]。Zhang 等采用不同的湍流模型对室内局限区域内的气流运动规律进行了模拟，并利用文献中的实验数据对模拟结果进行了验证[166]。Han 等选用 k-ε 模型对机舱内人员移动行为进行模拟研究，分析了四肢附近的尾迹特征[147]。Poussou 等采用精确测量的小尺度流场实验数据对雷诺平均方法 k-ε 模型进行验证，认为采用雷诺平均的方法获得的结果基本可以反映出人员移动行为所引起的尾迹变化规律[103]。然而，Choi 等在研究中强调了大涡模拟方法对模拟精确人体行走模型周围流场细节的不可替代的优势[146]。Afgan 等[167]和 Lysenko 等[168]也分别在其研究中证实了大涡模拟方法在模拟物体瞬态运动引起的非稳态流场特征方面的优越性。

在采用 CFD 方法对人员瞬态运动进行模拟时，特别是对精细化的人体结构进行模拟时，越细致的网格划分将获得越精确的结果。然而，在使用动网格描述人员移动行为时，每个时间步都需要重新计算全部网格，加密网格会大量延长网格重绘的时间，即意味着计算时间的大量增加[168]。因此，为提升模拟计算效率，应该选取合适的网格划分方法[169]。Brohus 等使用动网格与静网格结合的方法，即在人员移动区域采用动网格，其他区域采用静网格的方法，大大减少了动网格数目在总网格数中的比例，降低了计算时间[170]。Mazumdar 等和 Zhang 等也在模拟中采用了动静网格结合的方法，并在两区域间使用动态分层模型实现了动网格的更新和参数的传递，此方法通过在运动边界上逐层增加或删减网格，并根据运动表面的具体属性确定更新网格的尺寸，实现了网格的快速生成，同时有效地降低了网格尺寸变化给数值计算带来的不确定性[171-173]。这种方法也被广泛应用在瞬态环境下的流场数值模拟研究中[142-147]。

近年来的数值模拟研究表明，数值模拟方法能够模拟室内人员运动过程中周围流场的气流分布和污染物扩散规律，特别是在关注精细化人体结构周围的流场细节时，数值模拟方法体现出较实验方法简单易操作、局限性小的特点，因此也更适用于实际的事故风险评估和建筑工程设计等应用[173-177]。然而，在数值模拟不断发展的过程中，尚有一些亟待解决的问题[133]。首先，在描述湍流的方法和模型选择上，如何在对于流场动态细节信息的需求、应力模型的选取及计算资源耗费这几方面达到平衡和最优化是目前该领域研究的一个难点。其次，在模型不断发展和优化的同时，仍缺乏利用高精度测量设备获得的可用于精确验证数值模拟方法的实验数据，特别是一些大尺度、高精度的人员室内运动实验的开展，对数值模拟方法的验证和数值模拟研究的进一步发展具有重要的意义。

1.2.4　易感人群感染风险研究

易感人群研究主要是评估易感人群的暴露水平和感染风险[178]。为了研究易感人群感染呼吸道传染病的机理，国内外研究学者已经开展了大量研究。在实验研究方面，通过对猴子[179]、雪貂[180-182]、小鼠[183-189]和豚鼠[190-192]等动物开展感染性、感染能力及感染机理等方面的实验研究，可以获得对应的传染病感染模型，并借此对人类感染呼吸道传染病的过程和机理进行估计和推断。然而，由于不同物种在感染性和疾病抵抗力等方面存在明显的差异，使用在动物实验中获得的模型对人类感染呼吸道疾病的机理进行模拟和评估很难得到准确的评估模型，评估结果也并不准确[193]。

为了能够对人员密集场所呼吸道传染病感染风险进行定量评估，国内外学者针对呼吸道传染病提出了多种风险评估模型和方法。鉴于传染病感染性和感染能力的不确定性，Wells 等[194]提出了一个假设的感染性剂量单位，即"感染剂量"（quantum of infection），用于描述传染病的感染能力，代替未知的传染物质数量和感染性。基于这一概念，Riley 等[195]通过对传染病暴发案例进行分析，考虑了易感人群在室内环境中吸入的"感染剂量"的量，借助泊松概率分布提出了 Wells-Riley 风险评估模型和方法。该方法能够定量评估易感人群感染或不感染该传染病的可能性。目前，该方法已经在传染病空气传播和感染可能性研究方面得到广泛应用[196-202]。Wells-Riley 风险评估模型如式（1-1）所示：

$$P_I = \frac{C}{S} = 1 - \exp\left(\frac{Iqpt}{Q}\right) \tag{1-1}$$

式中，P_I 为易感人群的感染风险；C 为被传染了该传染病的总人数；S 为易感人群的总人数；I 为病源患者的总人数；q 为病源患者产生"感染剂量"的产生率；p 为易感人群的肺部通风速率（pulmonary ventilation rate），表示易感人群在呼吸过程中每分钟吸入气体的总体积；t 为暴露时间；Q 为整个房间内的通风速率。

如式（1-1）所示，使用 Wells-Riley 模型进行传染病传播蔓延分析和风险评估，方法简单、操作简便。在实际的风险评估过程中，对病源患者的"感染剂量"产生率进行假设，根据式（1-1）就可以计算得到该环境空间内易感染者的感染风险。然而，Wells-Riley 模型采用了多种假设，对传染病传播过程进行了大量简化，只能进行感染风险的近似估计。Wells-Riley 模型的主要假设和不足[196]包括以下几点。

1. 假设的前提条件与客观事实不符

Wells-Riley 模型假设研究范围内的空气与传染物质充分混合，传染物质各向同性、分布均匀。Wells-Riley 模型不能得到空间内的风险分布，只能得到空间内整体的、平均的风险，不同位置、不同区域的感染风险没有区别。在实际的室内环境中，病源患者呼出的传染物质有明显的扩散、输运过程。距离病源患者越近的区域，传染物质的浓度越高，感染风险也越大。因此该假设与实际情况不符，风险评估的结果与真实情况有较大差距。

2. 考虑的影响因素严重不足

Wells-Riley 模型不考虑室内环境中气流运动和流场变化对风险分布的影响，认为空间内空气流场处于绝对稳定状态。因此，Wells-Riley 模型只能对处于稳态状态下的环境空间内的整体风险水平进行估计。对处于非稳态流场中的室内环境进行风险评估时，只能将非稳态流场假设为稳态流场，未能考虑实际室内环境中气流运动的特征，其适用范围有较多限制。

同时，Wells-Riley 模型忽略了具有感染性的病原体（如细菌、病毒等）的生物学特性，忽略了病原体离开体内后的存活能力，忽略了携带病原体的传染物质的空气动力学特征和扩散输运特性。在传染病传播蔓延过程中，这些特性都对传染病的传播和易感人群的感染有重要的影响，也会影响风险评估的结果。

3. 模型参数设置存在缺陷

Wells-Riley 模型使用假定的"感染剂量"描述传染病病源的强度和传染物质的感染能力。"感染剂量"是一个假设的概念，在实际的传染病传播机理中没有与之相对应的概念，"感染剂量"与病源患者的病理特征和传染病的感染性特征之间也没有定量的对应关系，不能直接用于风险评估。在风险评估过程中，需要根据实际的传染病暴发案例反演推算"感染剂量"，分析结果不够准确。

鉴于 Wells-Riley 模型的不足，根据传染病的传播过程和感染机理，可以使用"剂量-响应关系"（dose-response relationship）评估易感人群的暴露水平。目前，"剂量-响应关系"及其分析思路已经被广泛应用在危化品风险评估、人员伤亡致死率评估等有关领域[197-199]。根据"剂量-响应关系"的分析思路，Bennett 等提出了吸入分数（intake fraction）的概念[200]，并基于易感人群吸入传染物质的剂量与感染可能性的关系，提出"剂量-响应模型"（dose-response model），用于定量评估易感染者的感染风险[201, 202]。采用"剂量-响应模型"评估室内环境传染病传播蔓延的风险，需要首先对空间内携带病原体的传染物质的扩散和输运过程进行分析和模拟，定量计算空间内传染物质的浓度分布；再根据疾病的病理特征和人体吸入传染物质、接受病原体的生理过程，定量计算病源患者吸入病原体的剂量，并据此评估易感人群的感染风险。因此，使用"剂量-响应关系"的分析思路，可以定量计算易感人群吸入病原体的总量，精确计算空间内的感染风险分布。在感染风险分析和评估过程中，该方法考虑了流场分布和气流运动对传染物质扩散输运的影响，考虑了不同疾病的病理特征和致病机理，计算结果精度更高、风险分析结果更可信。然而，由于考虑的因素较多，使用"剂量-响应关系"方法进行呼吸道传染病风险评估，需要有一定的病理知识，并且需要确定相关疾病的传染病学参数。目前，针对呼吸道传染病的流行病学分析和模型仍然十分有限，未知因素和未知参数也会影响风险分析的结果[200]。

1.3　本书内容安排

全书共分为 7 章，各章之间的关系示意图如图 1-1 所示，具体章节的内容安排如下。

第 1 章：绪论。介绍研究的背景及意义、国内外在室内污染环境与安全评价领域的研究现状。

第 2 章：喷嚏呼出液滴的粒度分布。建立了喷嚏呼出液滴的粒度分布特征与人体生理特征的关系，提出了喷嚏呼出液滴粒度分布的数学模型。

第 3 章：运动人体微环境中的混合换热模式。通过构建暖体假人运动实验，建立了人员运动过程中人体与周围环境间的混合对流换热细节模型。

第 4 章：运动人体微环境中的气流运动特征。通过开展全尺寸和小尺寸高精度测量实验，揭示了人员运动速度及身体外形结构与运动气流速度、尾迹特征及流场分布的定性及定量关系。

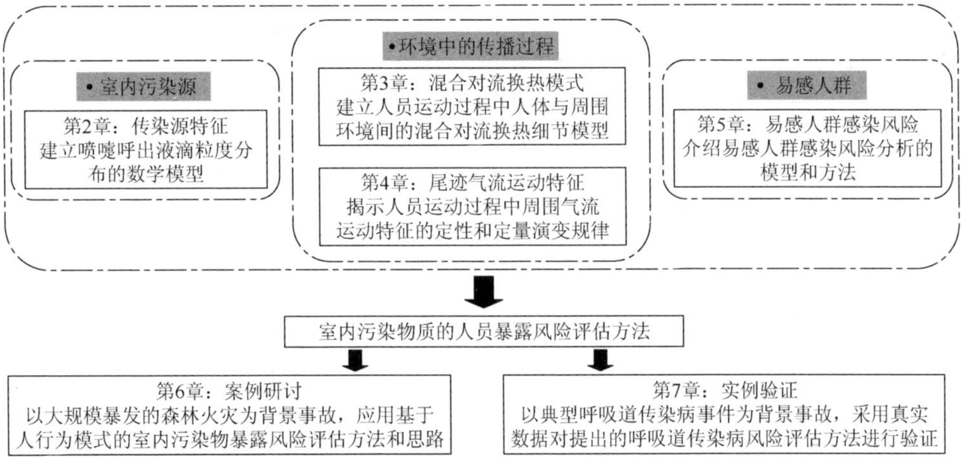

室内污染源
第2章: 传染源特征
建立喷嚏呼出液滴粒度分布的数学模型

环境中的传播过程
第3章: 混合对流换热模式
建立人员运动过程中人体与周围环境间的混合对流换热细节模型

第4章: 尾迹气流运动特征
揭示人员运动过程中周围气流运动特征的定性和定量演变规律

易感人群
第5章: 易感人群感染风险
介绍易感人群感染风险分析的模型和方法

室内污染物质的人员暴露风险评估方法

第6章: 案例研讨
以大规模暴发的森林火灾为背景事故, 应用基于人行为模式的室内污染物暴露风险评估方法和思路

第7章: 实例验证
以典型呼吸道传染病事件为背景事故, 采用真实数据对提出的呼吸道传染病风险评估方法进行验证

图 1-1 本书的章节安排逻辑图

第 5 章: 呼吸道传染物质的感染风险评估模型。介绍易感人群感染风险分析模型和方法, 建立涵盖传染源、传播途径和易感人群的呼吸道传染病风险评估思路。

第 6 章: 室内污染物的人员暴露风险评估。以大规模爆发的森林火灾为灾害事故案例, 提出了基于人行为模式的室内污染物暴露风险评估方法和思路。

第 7 章: 室内传染物质的风险评估实例研究与验证。以典型呼吸道传染病事件为灾害事故案例, 采用真实数据对提出的呼吸道传染病风险评估方法进行验证。

参 考 文 献

[1] 范维澄, 刘奕, 翁文国, 等. 公共安全科学导论. 北京: 科学出版社, 2013.

[2] 刘奕, 翁文国, 范维澄, 等. 城市安全与应急管理. 北京: 中国城市出版社, 2012.

[3] World Health Organization. Summary of probable SARS cases with onset of illness from 1 November 2002 to 31 August 2003. http://www.who.int/csr/sars/country/table2004_04_21/en/.[2003-09-31].

[4] Wong T W, Lee C K, Tam W, et al. Cluster of SARS among medical students exposed to single patient, Hong Kong. Emerging Infectious Diseases, 2004, 10 (2): 269-276.

[5] 张复春, 尹炽标, 唐小平, 等.广州市传染性非典型肺炎 260 例临床分析. 中华传染病杂志, 2003, (2): 12-16.

[6] World Health Organization. The world health report. Switzerland: WHO, 2004.

[7] Kobasa D, Jones S M, Shinya K, et al. Aberrant innate immune response in lethal infection of macaques with the 1918 influenza virus. Nature, 2007, 445 (7125): 319-323.

[8] Kash J C, Tumpey T M, Proll S C, et al. Genomic analysis of increased host immune and cell death responses induced by 1918 influenza virus. Nature, 2006, 443 (7111): 578-581.

[9] Hehme N, Engelmann H, Kunzel W, et al. Pandemic preparedness: lessons learnt from H2N2 and H9N2 candidate vaccines. Medical Microbiology and Immunology, 2002, 191 (3-4): 203-208.

[10] Chen C Y，Huang H J，Tsai F J，et al. Drug design for Influenza A virus subtype H1N1. Journal of the Taiwan Institute of Chemical Engineers，2010，41（1）：8-15.

[11] World Health Organization. International travel and health. Switzerland：WHO，2007.

[12] Gupta J K，Lin C H，Chen Q. Flow dynamics and characterization of a cough. Indoor Air，2009，19（6）：517-525.

[13] Gauderman W J，Urman R，Avol E，et al. Association of improved air quality with lung development in children. The New England Journal of Medicine，2015，372（10）：905-913.

[14] Wolkoff P，Nielsen G D. Effects by inhalation of abundant fragrances in indoor air—An overview. Environment International，2017，101：96-107.

[15] Zhang Q，Jenkins P L. Evaluation of ozone emissions and exposures from consumer products and home appliances. Indoor Air，2016，27：386-397.

[16] Lelieveld J，Evans J S，Fnais M，et al. The contribution of outdoor air pollution sources to premature mortality on a global scale. Nature，2015，525：367-384.

[17] 赵文昌. 空气污染对城市居民的健康风险与经济损失的研究. 上海：上海交通大学，2012.

[18] 吴兑. 灰霾天气的形成与演化. 环境科学与技术，2011，34（3）：157-161.

[19] 王臻，王辰. 可吸入颗粒物对呼吸系统危害的研究进展. 国外医学呼吸系统分册，2004，24（4）：231-236.

[20] Klepeis N E，Nelson W C，Ott W R，et al. The national human activity pattern survey（NHAPS）：a resource for assessing exposure to environmental pollutants. Journal of Exposure Analysis and Environmental Epidemiology，2001，11（3）：231-252.

[21] Li Y，Leung G M，Tang J W，et al. Role of ventilation in airborne transmission of infectious agents in the built environment—a multidisciplinary systematic review. Indoor Air，2007，17（1）：2-18.

[22] 刘庆. 自然通风下门窗开启对室内环境的影响研究. 重庆：重庆大学，2014.

[23] Yu I T S，Li Y G，Wong T W，et al. Evidence of airborne transmission of the severe acute respiratory syndrome virus. New England Journal of Medicine，2004，350：1731-1739.

[24] Li Y，Huang X，Yu I T S，et al. Role of air distribution in SARS transmission during the largest nosocomial outbreak in Hong Kong. Indoor Air，2004，15：83-95.

[25] 徐春雯. 室内空气稳定性对人体呼吸微环境的影响. 长沙：湖南大学，2014.

[26] 杜正健. 室内典型 VOCs 的被动采样方法及其暴露风险评价. 北京：清华大学，2014.

[27] 马赜纬. ADPV 方式作用下的人体微环境流场特性研究. 西安：西安建筑科技大学，2016.

[28] Nielsen P V，Olmedo I，de Adana M R，et al. Airborne cross-infection risk between two people standing in surroundings with a vertical temperature gradient. HVAC&R Research，2012，18（4）：552-561.

[29] Marr D R，Spitzer I M，Glauser M N. Anisotropy in the breathing zone of a thermal manikin. Experiments in Fluids，2008，44（4）：661-673.

[30] Bjorn E，Nielsen P V. Dispersal of exhaled air and personal exposure in displacement ventilated room. Indoor Air，2002，12（3）：147-164.

[31] Liu L，Neilsen P V，Li Y，et al. The thermal plume above a human body exposed to different air distribution strategies. New York：Healthy Buildings，2009.

[32] Nielsen P V，Buus M，Winther F V，et al. Contaminant flow in the microenvironment between people under different ventilation conditions. ASHRAE Transactions，2008，114（2）：632-638.

[33] 林辉. 人员活动对室内流场和污染物分布的影响研究. 北京：清华大学，2012.

[34] Poussou S B. Experimental investigation of airborne contaminant transport by a human wake moving in a ventilated aircraft cabin. West Lafayette：Purdue University，2008.

[35] Brohus H，Balling K D，Jeppesen D. Influence of movements on contaminant transport in an operating room. Indoor Air，2006，16：356-372.

[36] Olsen S J，Chang H L，Cheung T Y，et al. Transmission of the severe acute respiratory syndrome on aircraft. New England Journal of Medicine，2003，582，349（25）：2416-2122.

[37] Woolhouse M. How to make predictions about future infectious disease risks. Philosophical Transactions of the Royal Society B-Biological Sciences，2011，366（1573）：2045-2054.

[38] Mazumdar S，Yin Y，Guity A，et al. Impact of moving objects on contaminant concentration distributions in an inpatient room with displacement ventilation. HVAC&R Research，2010，16（5）：545-564.

[39] Zhang B，Zhu C，Ji Z，et al. Design and characterization of a cough simulator. Journal of Breath Research，2017，11（1）：016014.

[40] Duguid J P. The numbers and sites of origin of the droplets expelled during expiratory activities. Edinburgh Medical Journal，1945，52：386-400.

[41] Wells W F，Stone W R. On air-borne infection. Study III. Viability of droplet nuclei infection. The Journal of Hygiene American Journal of Hygiene，1934，20（3）：619-627.

[42] Wan M P，Chao C Y H，Ng Y D，et al. Dispersion of expiratory droplets in a general hospital ward with ceiling mixing type mechanical ventilation system. Aerosal Science and Technology，2007，41（3）：244-258.

[43] Sze To G N，Wan M P，Chao C Y H，et al. Experimental study of dispersion and deposition of expiratory aerosols in aircraft cabins and impact on infectious disease transmission. Aerosal Science and Technology，2009，43（5）：466-485.

[44] Wan M P，Sze To G N，Chao C Y H，et al. Modeling the fate of expiratory aerosols and the associated infection risk in an aircraft cabin environment. Aerosal Science and Technology，2009，43（4）：322-343.

[45] Chao C Y H，Wan M P，Sze To G N. Transport and removal of expiratory droplets in hospital ward environment. Aerosal Science and Technology，2008，42（5）：377-394.

[46] Chao C Y H，Wan M P. A study of the dispersion of expiratory aerosols in unidirectional downward and ceiling-return type airflows using a multiphase approach. Indoor Air，2006，16（4）：296-312.

[47] Hersen G，Moularat S，Robine E，et al. Impact of health on particle size of exhaled respiratory aerosols：Case-control study. Clean-Soil Air Water，2008，36（7）：572-577.

[48] Menache M G，Miller F J，Raabe O G. Particle inhalability curves for humans and small laboratory-animals. Annals of Occupational Hygiene，1995，39（3）：317-328.

[49] Morrow P E. Physics of airborne particles and their deposition in the lung. Annals of the New York Academy of Sciences，1980，353：71-80.

[50] Xie X，Li Y，Sun H，et al. Exhaled droplets due to talking and coughing. Journal of the Royal Society Interface，2009，6：S703-S714.

[51] Duguid J P. The size and the duration of air-carriage of respiratory droplets and droplet-nuclei. The Journal of Hygiene，1946，44（6）：471-479.

[52] Gerone P J，Couch R B，Keefer G V，et al. Assessment of experimental and natural viral aerosols. Bacteriological Reviews，1966，30（3）：576-584.

[53] Loudon R G，Roberts R M. Droplet expulsion from respiratory tract. American Review of Respiratory Disease，1967，95（3）：435-442.

[54] Papineni R S，Rosenthal F S. The size distribution of droplets in the exhaled breath of healthy human subjects. Journal of Aerosol Medicine，1997，10（2）：105-116.

[55] Fennelly K P, Martyny J W, Fulton K E, et al. Cough generated aerosols of mycobacterium tuberculosis—a new method to study infectiousness. American Journal of Respiratory and Critical Care Medicine, 2004, 169 (5): 604-609.

[56] Yang S, Lee G W M, Chen C M, et al. The size and concentration of droplets generated by coughing in human subjects. Journal of Aerosol Medicine, 2007, 20 (4): 484-494.

[57] Johnson G R, Morawska L. The mechanism of breath aerosol formation. Journal of Aerosol Medicine Pulm D, 2009, 22 (3): 229-237.

[58] Jennison M W. Atomizing of mouth and nose secretions into the air as revealed by high-speed photography. Aerobiology, 1942, 17: 106-128.

[59] Buckland F E, Tyrrell D A J. Experiments on spread of colds: 1. Laboratory studies on dispersal of nasal secretion. The Journal of Hygiene, 1964, 62 (3): 365-377.

[60] Chao C Y H, Wan M P, Morawska L, et al. Characterization of expiration air jets and droplet size distributions immediately at the mouth opening. Journal of Aerosol Science, 2009, 40 (2): 122-133.

[61] Edwards D A, Man J C, Brand P, et al. Inhaling to mitigate exhaled bioaerosols. Proceedings of the National Academy of Sciences of the United States of America, 2004, 101 (50): 17383-17388.

[62] Fabian P, McDevitt J J, DeHaan W H, et al. Influenza virus in human exhaled breath: an observational study. Plos One, 2008, 3 (7): e2691.

[63] Wainwright C E, France M W, O'Rourke P, et al. Cough-generated aerosols of pseudomonas aeruginosa and other gram-negative bacteria from patients with cystic fibrosis. Thorax, 2009, 64 (11): 926-931.

[64] Almstrand A C, Bake B, Ljungstrom E, et al. Effect of airway opening on production of exhaled particles. Journal of Applied Physiology, 2010, 108 (3): 584-588.

[65] Haslbeck K, Schwarz K, Hohlfeld J M, et al. Submicron droplet formation in the human lung. Journal of Aerosol Science, 2010, 41 (5): 429-438.

[66] Holmgren H, Ljungstrom E, Almstrand A C, et al. Size distribution of exhaled particles in the range from 0.01 to 2.0μm. Journal of Aerosol Science, 2010, 41 (5): 439-446.

[67] Fairchild C I, Stampfer J F. Particle concentration in exhaled breath—summary report. American Industrial Hygiene Association Journal, 1987, 48 (11): 948-949.

[68] Morawska L, Johnson G R, Ristovski Z D, et al. Size distribution and sites of origin of droplets expelled from the human respiratory tract during expiratory activities. Journal of Aerosol Science, 2009, 40 (3): 256-269.

[69] Fabian P, Brain J, Houseman E A, et al. Origin of exhaled breath particles from healthy and human rhinovirus-infected subjects. Journal of Aerosol Medicine Pulm D, 2011, 24 (3): 137-147.

[70] Morawska L. Droplet fate in indoor environments, or can we prevent the spread of infection? Indoor Air, 2006, 16 (5): 335-347.

[71] Nicas M, Nazaroff W W, Hubbard A. Toward understanding the risk of secondary airborne infection: emission of respirable pathogens. Journal of Occupational and Environmental Hygiene, 2005, 2 (3): 143-154.

[72] Johnson G R, Morawska L, Ristovski Z D, et al. Modality of human expired aerosol size distributions. Journal of Aerosol Science, 2011, 42 (12): 839-851.

[73] Xie X, Li Y, Chwang A T Y, et al. How far droplets can move in indoor environments-revisiting the Wells evaporation-falling curve. Indoor Air, 2007, 17 (3): 211-225.

[74] Gupta J K, Lin C H, Chen Q. Characterizing exhaled airflow from breathing and talking. Indoor Air, 2010, 20 (1): 31-39.

[75]　Gralton J，Tovey E，McLaws M L，et al. The role of particle size in aerosolised pathogen transmission. Journal of Infection，2011，62（1）：1-13.

[76]　张学学. 热工基础. 北京：高等教育出版社，2006.

[77]　杨世铭，陶文铨. 传热学. 北京：高等教育出版社，2006.

[78]　Gao N P，Niu J L. CFD study of the thermal environment around a human body：a review. Indoor and Built Environment，2005，14（1）：5-16.

[79]　Colin J，Houdas Y. Experimental determination of coefficient of heat exchanges by convection of human body. Journal of Applied Physiology，1967，22：31-38.

[80]　Murakami S，Kato S，Zeng J. Development of a computational thermal manikin-CFD analysis of thermal environment around human body. Tsinghua-HVAC '95，1995，2：349-354.

[81]　Brohus H. Personal exposure to contaminant sources in ventilated rooms. Denmark：Aalborg University，1997.

[82]　de Dear R J，Arens E，Zhang H，et al. Convective and radiative heat transfer coefficient for individual human body segments. International Journal of Biometeorology，1996，40（3）：141-156.

[83]　Topp C，Nielsen P V，Sørensen D N. Applica tion of computer simulated persons in indoor environmental modeling. ASHRAE Transactions，2002，108（2）：1084-1089.

[84]　Sørensen D N，Voigt L K. Modeling flow and heat transfer around a seated human body by computational dynamics. Building and Environment，2003，38：753-762.

[85]　Ono T，Murakami S，Ooka R，et al. Numerical and experimental study on convective heat transfer of the human body in the outdoor environment. Journal of Wind Engineering & Industrial Aerodynamics，2008，96：1719-1732.

[86]　Silva M C G，Coelho J A. Convection coefficients for the human body parts determined with a thermal mannequin. Room Vent，2002，1：277-280.

[87]　Yang J H，Kato S，Hayashi T，et al. Measurement of local convective heat transfer coefficients of the human body in outdoor and indoor environments. Room Vent，2002，1：281-284.

[88]　Quintela D A，Gaspar A R，Borges C M. Analysis of sensible heat exchanges from a thermal manikin. European Journal of Applied Physiology，2004，92：663-668.

[89]　Kurazumi Y，Tsuchikawa T，Ishii J，et al. Radiative and convective heat transfer coefficients of the human body in natural convection. Building and Environment，2008，43：2142-2153.

[90]　Yang J H，Kato S，Seo J. Evaluation of the convective heat transfer coefficient of the human body using the wind tunnel and thermal manikin. Journal of Asian Architecture and Building Engineering，2009，8（2）：563-569.

[91]　Oliveira A V M，Gaspar A R，Francisco S C，et al. Convective heat transfer from a nude body under calm conditions：assessment of the effects of walking with a thermal manikin. International Journal of Biometeorology International Journal of Biometeorology，2012，56：319-332.

[92]　Li C，Ito K. Numerical and experimental estimation of convective heat transfer coefficient of human body under strong forced convective flow. Journal of Wind Engineering and Industrial Aerodynamics，2014，126：107-117.

[93]　Oliveira A V M，Gaspar A R，Francisco S C，et al. Analysis of natural and forced convection heat losses from a thermal manikin：comparative assessment of the static and dynamic postures. Journal of Wind Engineering and Industrial Aerodynamics，2014，132：66-76.

[94]　Incropera F P，Dewitt D P. Fundamentals of Heat and Mass Transfer. New York：John Wiley & Sons，2002：567-568.

[95]　Chen Q Y. Ventilation performance prediction for buildings：a method overview and recent applications. Building and Environment，2009，44：848-858.

[96] Hillerbrant B, Ljungqvist B. Comparison between three air distribution systems for operating rooms. Oslo: Proceedings of Roomvent 90, 1990, 62: 13-15.

[97] Eisner A D, Rosati J, Wiener R. Experimental and theoretical investigation of particle-laden airflow under a prosthetic mechanical foot in motion. Building and Environment, 2002, 45: 878-886.

[98] Matsumoto H, Matsusaki A, Ohba B. CFD simulation of air distribution in displacement ventilated room with a moving object. Coimbra: Proceedings of Roomvent 2004, 9th International Conference on Air Distribution in Rooms [2004-09-05].

[99] Zhang Z, Chen X, Mazumdar S, et al. Experimental and numerical investigation of airflow and contaminant transport in an airliner cabin mock-up. Building and Environment, 2009, 44 (1): 85-94.

[100] Zhang Y, Sun Y, Wang A, et al. Experimental characterization of airflows in aircraft cabins, part 2: results and research recommendations. ASHRAE Transactions, 2005, 111 (2): 53-59.

[101] Cheng Y, Lin Z. Experimental investigation into the interaction between the human body and room airflow and its effect on thermal comfort under stratum ventilation. Indoor Air, 2016, 26 (2): 274-285.

[102] Han Z Y, Weng W G, Huang Q Y, et al. Aerodynamic characteristics of human movement behaviours in full-scale environment: comparison of limbs pendulum and body motion. Indoor and Built Environment, 2015, 24 (1): 87-100.

[103] Poussou S B, Mazumdar S, Plesniak M W, et al. Flow and contaminant transport in an airliner cabin induced by a moving body: model experiments and CFD predictions. Atmospheric Environment, 2010, 44: 2830-2839.

[104] Okamoto S, Sunabashiri Y. Vortex shedding from a circular cylinder of finite length placed on a ground plane. Journal of Fluids Engineering, 1992, 114: 512-521.

[105] Meneghini J R, Saltara F. Numerical simulation of flow interference between two circular cylinders in tandem and side-by-side arrangements. Journal of Fluids and Structures, 2001, 15: 327-350.

[106] Sumner D. Two circular cylinders in cross-flow: a review. Journal of Fluids and Structures, 2010, 26: 849-899.

[107] Yan Y H, Li X D, Tu J Y. Numerical investigations of the effects of manikin simplifications on the thermal flow field in indoor spaces. Building Simulations, 2017, 10 (2): 219-227.

[108] Sun Y, Zhang Y. An overview of room air motion measurement: technology and application. HVAC&R Research, 2007, 13 (6): 929-950.

[109] Webster J G. The Measurement, Instrumentation and Sensors Handbook. Boca Raton, FL: CRC Press, 1999.

[110] Taylor C D, Timko R J, Senk M J, et al. Measurement of airflow in a simulated under ground mine environment using an ultrasonic anemometer. SME Transactions, 2004, 316: 201-206.

[111] Adrian R J. Laser velocimetry// Goldstein R. Fluid Mechanics Measurements. Washington, DC: Taylor & Francis, 1996.

[112] Tavoularis S. Measurement in Fluid Mechanics. New York: Cambridge UP, 2009.

[113] Willert C, Roehle I, Schodl R, et al. Application of planar doppler velocimetry within piston engine cylinders. Lisbon: Proceedings of the 11th International Symposium on Applications of Laser Techniques to Fluid Mechanics, 2002.

[114] Cao X D, Liu J J, Nan J, et al. Particle image velocimetry measurement of indoor airflow field: a review of the technologies and applications. Energy and Buildings, 2014, 69: 367-380.

[115] Wang A, Zhang Y, Sun Y, et al. Experimental study of ventilation effectiveness and air velocity distribution in an aircraft cabin mockup. Building and Environment, 2008, 43 (3): 337-343.

[116] Rosenstiel M, Grigat R R. Segmentation and classification of streaks in a large-scale particle streak tracking

system. Flow Measurement and Instrumentation，2010，21（1）：1-7.

[117] Biwole P H，Yan W，Zhang Y，et al. A complete 3D particle tracking algo rithm and its applications to the indoor airflow study. Measurement Science and Technology，2009，（11）：115403.

[118] Zhao L，Wang X，Zhang Y，et al. Analysis of airflow in a full-scale room with non-isothermal jet ventilation using PTV techniques. ASHRAE Transactions，2007，113（1）：414-425.

[119] Lobutova E，Resagk C，Putze T. Investigation of large-scale circulations in room air flows using three-dimensional particle tracking velocimetry. Building and Environment，2010，45（7）：1653-1662.

[120] Raffel M，Willert C E，Wereley S T，et al. Particle Image Velocimetry: A Practical Guide. Berlin: Springer，2007.

[121] Adrian R J. Twenty years of particle image velocimetry. Experiments in Fluids，2005，39（2）：159-169.

[122] Grant I. Particle image velocimetry: a review，proceedings of the Institution of mechanical engineers，Part C. Journal of Mechanical Engineering Science，1997，211（1）：55-76.

[123] Stanislas M. Okamoto K，Kähler C. Main results of the first international PIV challenge. Measurement Science and Technology，2003，14（10）：R63.

[124] Stanislas M，Okamoto K，Kähler C，et al. Main results of the second international PIV challenge. Experiments in Fluids，2005，39（2）：170-191.

[125] Stanislas M，Okamoto K，Kähler C，et al. Main results of the third international PIV challenge. Experiments in Fluids，2008，45（1）：27-71.

[126] Dabiri D. Digital particle image thermometry/velocimetry: a review. Experiments in Fluids，2009，46（2）：191-241.

[127] Karave P，Stathopoulos T，Athienitis A K. Airflow assessment in cross ventilated buildings with operable façade elements. Building and Environment，2011，46（1）：266-297.

[128] Licina D，Melikov A，Sekhar C，et al. Human convective boundary layer and its interaction with room ventilation flow. Indoor Air，2015，25：21-35.

[129] Elhimer M，Harran G，Hoarau Y，et al. Coherent and turbulent processes in the bistable regime around a tandem of cylinders including reattached flow dynamics by means of high-speed PIV. Journal of Fluid Mechanics，2016，60：62-79.

[130] Madureira J，Paciencia I，Rufo J. Indoor air quality in schools and its relationship with children's respiratory symptoms. Atmospheric Environment，2015，118：145-156.

[131] Fisk W J，Black D，Brunner G. Changing ventilation rates in U.S. offices: implications for health，work performance，energy，and associated economics. Building and Environment，2012，47：368-372.

[132] 韩朱旸. 人员密集场所呼吸道传染物质的扩散机理与风险评估方法. 北京：清华大学，2014.

[133] Nielsen P V. Fifty years of CFD for room air distribution. Building and Environment，2015，91：78-90.

[134] Wang M，Chen Q. Assessment of various turbulence models for transitional flows in an enclosed environment（RP-1271）. Science & Technology for the Built Enviroment，2009，15（6）：1099-1119.

[135] Kuznik F，Rusaouen G，Brau J. Experimental and numerical study of a full scale ventilated enclosure: comparison of four two equations closure turbulence models. Building and Environment，2007，42（3）：1043-1053.

[136] Holmes N S，Morawska L. A review of dispersion modelling and its application to the dispersion of particles: an overview of different dispersion models available. Atmospheric Environment，2006，40（30）：5902-5928.

[137] Defraeye T，Blocken B，Koninckx E，et al. Computational fluid dynamics analysis of cyclist aerodynamics: Performance of different turbulence-modelling and boundary-layer modelling approaches. Journal of Biomechanics，2010，43（12）：2281-2287.

[138] Zhang Z, Chen Q. Comparison of the Eulerian and Lagrangian methods for predicting particle transport in enclosed spaces. Atmospheric Environment, 2007, 41 (25): 5236-5248.

[139] Qian H, Li Y, Nielsen P V, et al. Spatial distribution of infection risk of SARS transmission in a hospital ward. Building and Environment, 2009, 44 (8): 1651-1658.

[140] Zhao B, Zhang Z, Li X T. Numerical study of the transport of droplets or particles generated by respiratory system indoors. Building and Environment, 2005, 40 (8): 1032-1039.

[141] Edge B A, Paterson E G, Settles G S. Computational study of the wake and contaminant transport of a walking human. Journal of Fluids Engineering, 2005, 127: 967-977.

[142] Sayara T, Montserrat Sarrà, Antoni Sánchez. Effects of compost stability and contaminant concentration on the bioremediation of PAHs-contaminated soil through composting. Journal of Hazardous Materials, 2010, 179 (1-3): 999-1006.

[143] Shih Y C, Chiu C C, Wang O. Dynamic airflow simulation within an isolation room. Building and Environment, 2007, 42 (9): 3194-3209.

[144] Wang J, Chow T T. Numerical investigation of influence of human walking on dispersion and deposition of expiratory droplets in airborne infection isolation room. Building and Environment, 2011, 46 (10): 1993-2002.

[145] Mazumdar S, Poussou S B, Lin C H, et al. Impact of scaling and body movement on contaminant transport in airliner cabins. Atmospheric Environment, 2011, 45 (33): 6019-6028.

[146] Choi J I, Edwards J R. Large-eddy simulation of human-induced contaminant transport in room compartments. Indoor Air, 2012, 22 (1): 77-87.

[147] Han Z Y, Sze To G N, Fu S C, et al. Effect of human movement on airborne disease transmission in an airplane cabin: study using numerical modeling and quantitative risk analysisysis. BMC Infectious Diseases, 2014, 14 (1): 434.

[148] Sajjadi H, Salmanzadeh M, Ahmadi G, et al. Simulations of indoor airflow and particle dispersion and deposition by the lattice boltzmann method using LES and RANS approaches. Building and Environment, 2016, 102: 1-12.

[149] Baglietto E, Ninokata H, Misawa T. CFD and DNS methodologies development for fuel bundle simulations. Nuclear Engineering & Design, 2006, 236 (14-16): 1503-1510.

[150] Moin P, Mahesh K. Direct numerical simulation: a tool in turbulence research. Annual Review of Fluid Mechanics, 1998, 30 (1): 539-578.

[151] Beratlis N, Smith C, Balaras E, et al. Direct numerical simulations of the flow around a golf ball: methodologies and approach. American Physical Society, 2007.

[152] Kunugi T, Satake S I, Ose Y, et al. Large scale computations in nuclear engineering: CFD for multiphase flows and DNS for turbulent flows with/without magnetic field. Lecture Notes in Computational Science & Engineering, 2010, 74: 3-14.

[153] LucV, RaphaÃ H, Pascale D. Three facets of turbulent combustion modelling: DNS of premixed V-flame, LES of lifted nonpremixed flame and RANS of jet-flame. Journal of Turbulence, 2004, 5 (4): 1-8.

[154] Celik I. RANS/LES/DES/DNS: the future prospects of turbulence modeling. Journal of Fluids Engineering, 2005, 127 (5): 829-830.

[155] Hattori H, Umehara T, Nagano Y. Comparative study of DNS, LES and hybrid LES/RANS of turbulent boundary layer with heat transfer over 2d Hill. Flow Turbulence & Combustion, 2013, 90 (3): 491-510.

[156] Yuan C S. The effect of building shape modification on wind pressure differences for cross-ventilation of a low-rise building. International Journal of Ventilation, 2007, 6 (2): 167-176.

[157] Ortiz J A，Hernández L A，Hernández M，et al. Full-scale experimental and numerical study about structural behaviour of a thin-walled cold-formed steel building affected by ground settlements due to land subsidence. 2015，DOI：10.5194/piahs-372-141-2015.

[158] Tapsoba M，Moureh J，Flick D. Airflow patterns inside slotted obstacles in a ventilated enclosure. Computers and Fluids，2007，36（5）：935-48.

[159] Rohdin P，Moshfegh B. Numerical predictions of indoor climate in large industrial premises. A comparison between different k-e models supported by field measurements. Building and Environment，2007，42（11）：3872-3882.

[160] Lingying Z，Yuanhui Z，Riskowski G L，et al. A study of jet momentum effects on airflow in a ventilated airspaces using PIV technologies. Asae International Meeting，2000.

[161] Tian Z F，Tu J Y，Yeoh G H，et al. Numerical studies of indoor airflow and particle dispersion by large eddy simulation. Building and Environment，2007，42（10）：3483-3492.

[162] Chang T J，Kao H M，Hsieh Y F. Numerical study of the effect of ventilation pattern on coarse，fine，and very fine particulate matter removal in parti-tioned indoor environment. Journal of the Air and Waste Management Association，2007，57（2）：179-189.

[163] Lai M K K，Chan A T Y. Large-eddy simulations on indoor/outdoor air quality relationship in an isolated urban building. Journal of Engineering Mechanics，2007，133（8）：887-898.

[164] Abdalla I E，Cook M J，Rees S J，et al. Large-eddy simulation of buoyancy-driven natural ventilation in an enclosure with a point heat source. International Journal of Computational Fluid Dynamics，2007，21（5-6）：231-245.

[165] Chen Q. Comparison of different k epsilon models for indoor air flow computations. Numerical Heat Transfer Part B：Fundamentals，1995，28（3）：353-369.

[166] Zhang Z，Zhai Z Q，Zhang W，et al. Evaluation of various turbulence models in predicting airflow and turbulence in enclosed environments by CFD：Part 2—Comparison with experimental data from literature. HVAC & R Research，2007，13（6）：871-886.

[167] Afgan I，Kahil Y，Benhamadouche S，et al. Large Eddy Simulation of the flow around single and two side-by-side cylinders at subcritical Reynolds numbers. Physics of Fluids，2011，23：875-884.

[168] Lysenko D A，Ertesvag I S，Rian K E. Large-eddy simulation of the flow over a circular cylinder at reynolds number 3900 using the open FOAM toolbox. Flow，Turbulence and Combustion，2014，92：673-698.

[169] 纪兵兵. ANSYS ICEM CFD 网格划分技术实例详解. 北京：中国水利水电出版社，2012.

[170] Mettier R，Kosakowski G，Kolditz O. Influence of small-scale heterogeneities on contaminant transport in fractured crystalline rock. Groundwater，2006，44（5）：687-696.

[171] 丁源，王清. ANSYS ICEM CFD 从入门到精通. 北京：清华大学出版社，2013.

[172] Zhang X Y，Ahmadi G，Qian J，et al. Particle detachment，resuspension and transport due to human walking in indoor environments. Journal of Adhesion Science and Technology，2008，22：591-621.

[173] Matsumoto H，Ohba Y. The influence of a moving object on air distribution in displacement ventilated rooms. Journal of Asian Architecture and Building Engineering，2004，3（1）：71-75.

[174] Smale N J，Moureh J，Cortella G. A review of numerical models of airflow in refrigerated food applications. International Journal of Refrigeration，2006，29（6）：911-930.

[175] Sanderse B，Pijl S P V D，Koren B. Review of computational fluid dynamics for wind turbine wake aerodynamics. Wind Energy，2011，14（7）：799-819.

[176] Bitog J P，Lee I B，Lee C G，et al. Application of computational fluid dynamics for modeling and designing

photobioreactors for microalgae production: a review. Computers & Electronics in Agriculture, 2011, 76 (2): 131-147.

[177] Norton T, Sun D W. Computational fluid dynamics (CFD)—An effective and efficient design and analysis tool for the food industry: a review. Trends in Food Science and Technology, 2006, 17: 600-620.

[178] Anderson J D. 计算流体力学基础及其应用. 吴颂平, 刘兆森, 译. 北京: 机械工业出版社, 2007.

[179] Snyder M H, Stephenson E H, Young H, et al. Infectivity and antigenicity of live avian-human influenza A reassortant virus: comparison of intranasal and aerosol routes in squirrel monkeys. Journal of Infectious Diseases, 1986, 154 (4): 709-712.

[180] Andrewes C H, Glover R E. Spread of infection from the respiratory tract of the ferret. I. Transmission of influenza a virus. British Journal of Experimental Pathology, 1941, 22 (2): 91-97.

[181] Glover R E. Spread of infection from the respiratory tract of the ferret. II. Association of influenza a virus and streptococcus group C. British Journal of Experimental Pathology, 1941, 22 (2): 98-107.

[182] Squires S, Belyavin G. Free contact infection in ferret groups. The Journal of antimicrobial chemotherapy, 1975, 1 (4): 35-42.

[183] Edward D G F, Elford W J, Laidlaw P P. Studies on air-borne virus infections I. Experimental technique and preliminary observations on influenza and infectious ectromelia. The Journal of Hygiene, 1943, 43 (1): 1-10.

[184] Loosli C G, Hamre D, Berlin B S. Air-borne influenza virus a infections in immunized animals. Transactions of the Association of American Physicians, 1953, 66: 222-230.

[185] Schulman J L, Kilbourne E D. Airborne transmission of influenza virus infection in mice. Nature, 1962, 195 (4846): 1129.

[186] Schulman J L. Experimental transmission of influenza virus infection in mice .4. relationship of transmissibility of different strains of virus and recovery of airborne virus in environment of infector mice. Journal of Experimental Medicine, 1967, 125 (3): 479-488.

[187] Schulman J L. Use of an animal model to study transmission of influenza virus infection. American Journal of Public Health Nations Health, 1968, 58 (11): 2092-2096.

[188] Loosli C G, Hertweck M S, Hockwald R S. Airborne influenza pr8—a virus infections in actively immunized mice. Archives of Environmental Health, 1970, 21 (3): 332-346.

[189] Frankova V. Inhalatory infection of mice with influenza A0/PR8 virus. I. The site of primary virus replication and its spread in the respiratory tract. Acta Virologica, 1975, 19 (1): 29-34.

[190] Riley R L, Shivpuri D N, Wittstadt F, et al. Infectiousness of air from a tuberculosis ward-ultraviolet irradiation of infected air: comparative infectiousness of different patients. American Review of Respiratory Disease, 1962, 85 (4): 511-525.

[191] Lowen A C, Mubareka S, Tumpey T M, et al. The guinea pig as a transmission model for human influenza viruses. Proceedings of the National Academy of Sciences of the United States of America, 2006, 103 (26): 9988-9992.

[192] Lowen A C, Mubareka S, Steel J, et al. Influenza virus transmission is dependent on relative humidity and temperature. PLoS Pathogens, 2007, 3 (10): 1470-1476.

[193] Jones-López, E C, Acuña-Villaorduña C, Ssebidandi M, et al. Cough aerosols of Mycobacterium tuberculosis in the prediction of incident tuberculosis disease in household contacts. Clinical Infectious Diseases, 2016, 63 (1): 10-20.

[194] Wells W F. Airborne Contagion and Air Hygiene. Cambridge: Cambridge University Press, 1955: 117-122.

[195] Riley E C, Murphy G, Riley R L. Airborne spread of measles in a suburban elementary school. American Journal

of Epidemiology，1978，107（5）：421-432.

[196] Sze To G N，Chao C Y H. Review and comparison between the Wells-Riley and dose-response approaches to risk assessment of infectious respiratory diseases. Indoor Air，2010，20（1）：2-16.

[197] Han Z Y，Weng W G. An integrated quantitative risk analysisysis method for natural gas pipeline network. Journal of Loss Prevention in the Process Industries，2010，23（3）：428-436.

[198] Han Z Y，Weng W G. Comparison study on qualitative and quantitative risk assessment methods for urban natural gas pipeline network. Journal of Hazardous Materials，2011，189（1-2）：509-518.

[199] Han Z，Weng W，Zhao Q，et al. Investigation on an integrated evacuation route planning method based on real-time data acquisition for high-rise building fire. IEEE Transactions on Intelligent Transportation Systems，2013，14（2）：782-795.

[200] Bennett D H，McKone T E，Evans J S，et al. Defining intake fraction. Environmental Science & Technology，2002，36（9）：207-216.

[201] Shenglan X，Yuguo L，Tze-Wai W，et al. Role of fomites in SARS transmission during the largest hospital outbreak in Hong Kong. PLoS ONE，2017，12（7）：e0181558.

[202] Zhai Z，Liu X，Wang H，et al. Identifying index（source），patient location of SARS transmission in a hospital ward. HVAC & R Research，2012，18（4）：616-625.

第 2 章　喷嚏呼出液滴的粒度分布

2.1　概　　述

在呼吸道传染病传播蔓延过程中，呼吸道传染病感染者会通过咳嗽、喷嚏、呼吸、说话等多种呼吸行为呼出带有传染物质的液滴。在相同的室内通风环境中，这些液滴的大小、尺寸将直接影响传染物质扩散输运的过程，改变传染物质在空气中的停留时间和扩散距离，从而影响易感人群的暴露水平和感染风险。液滴越大，沉降速度越快，扩散的距离也越小；液滴越小，沉降速度越慢，扩散的距离越大。因此，呼吸道传染病空间风险分布与病源患者呼出液滴的大小密切相关。

对呼吸道疾病患者来说，喷嚏是一种常见的呼吸行为。患者在罹患呼吸道疾病后，其呼吸道内会产生大量的黏液，继而在鼻腔内产生多种神经性刺激，最终导致喷嚏的发生。因此，与咳嗽、呼吸、说话等呼吸行为相比，喷嚏的产生机制与其他呼吸行为明显不同。同时，人打喷嚏时所呼出的气流的速度要显著大于咳嗽、呼吸和说话等呼吸行为[1-3]，呼出液滴的数量也要显著多于其他呼吸行为[4]。然而，迄今，针对喷嚏呼出液滴粒度分布的研究仍然十分有限[5, 6]。针对喷嚏呼出液滴的粒度分布进行研究，采用高精度的测量方法进行实验测量，建立粒度分布的数值模型，对呼吸道传染病风险评估方法研究具有重要意义。

本章将描述喷嚏呼出液滴粒度分布的研究方法。为了全面地了解喷嚏呼出液滴粒度分布的特征，本章首先对喷嚏呼出液滴粒度分布进行实验测量，并根据实验测量结果进一步分析喷嚏呼出液滴体积粒度的分布特征，构建体积粒度分布的数值模型，分析粒度分布函数的分布参数与人的身高、体重、肺活量等生理特征的定量关系，提出喷嚏呼出液滴数量粒度分布的计算方法，构建喷嚏呼出液滴粒度分布的数值模型。

2.2　喷嚏呼出液滴粒度分布实验

2.2.1　实验设计

喷嚏呼出液滴粒度分布实验主要研究人打喷嚏呼出液滴的粒度分布。通过对多名实验人员的喷嚏呼出液滴粒度分布进行实验测量，分析液滴粒度分布的特征和规律。现有研究及分析结果显示,液滴收集装置、实验方法、测量技术及蒸发作用都会对液滴粒度分布测量结果产生较大影响[5, 7-11]。为了提高测量结果的准确性和可靠性,本研究使用光学方法及相应探测技术对喷嚏呼出液滴粒度分布进行实验测量;为了避免液滴收集装置对液滴形状的影响,在测量过程中不使用任何液滴收集装置;为了减小蒸发作用对液滴粒度分布测量结果的影响,设置测量区域在实验人员的嘴部周围,保证呼出的液滴能够迅速得到探测。

在研究过程中,使用激光粒度分析仪“Spraytec”(英国 Malvern)测量液滴的粒度分布。“Spraytec”激光粒度分析仪及其配套系统已经在气溶胶粒度分布测量和研究领域得到广泛应用[12-15]。该激光粒度分析仪包括激光光源、激光接收器及配套的数据处理系统等,如图 2-1 所示。

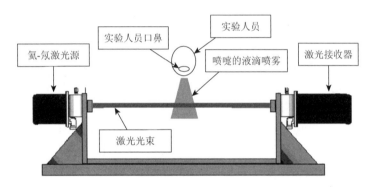

图 2-1 激光粒度分析仪的组成结构和测量方法

在进行实验测量时,该激光粒度分析仪通过氦-氖激光源产生一束直径约为0.015 m 的激光。该激光能够沿水平方向穿过该激光粒度分析仪的测量区域,并被另一侧的激光接收器接收。激光接收器中共计安装了 32 个光学探测器,能够精确测量激光束通过液滴喷雾后产生的衍射条纹。根据数据处理模块中的散射、衍射计算模型,粒度分析仪的数据处理系统能够自动计算激光所经过的液滴的粒度分布。实验使用的透镜的焦距为 0.3 m,激光粒度分析仪的测量范围为 0.1～1000 μm,共分为 60 个测量通道,测量误差 Dv50 优于±1%。在实验测量过程中,所有直径大小介于 0.1～1000 μm 之间的液滴都将同时被测量,其粒度分布也将得到实时的处理和存储。实验中,由于喷嚏的持续时间很短,为了保证测量结果的准确性和时效性,激光粒度分析仪的采样频率设置为 2500 Hz,即每隔 0.4 ms 测量一次喷雾的粒度分布。该采样频率已经足够保证测量和数据获取的实时性。在实验中,Spraytec系统测量得到的粒度分布为体积粒度分布(volume-based size distribution)。对任意一个直径区间,其体积粒度分布的值表示该直径区间内所有液滴的总体积与所有直径的液滴的总体积的比值。

实验环境为正常的室内通风环境，通过适当的通风设施保证环境的舒适性。在实验测量过程中，为了避免不同次的实验相互影响，每次实验测量后都等待足够长的时间，让空气中悬浮的液滴充分沉淀，保证不同次实验相互独立。在每次实验测量开始前，保证实验环境处于稳定状态，保证每次实验的环境条件完全相同。在每次实验测量过程中，允许实验人员休息、调整，确保每次实验过程中，实验人员的生理状态完全相同，且都处于稳定的生理状态。鉴于数据统计和分析的需要，为了减小样本的统计学差异对分析结果的影响，在实验过程中采集样本数需大于 15 个[16, 17]。

2.2.2　实验对象

在喷嚏呼出液滴粒度分布实验研究过程中，共有 46 位志愿者参加实验，其中有 20 名志愿者成功完成实验，即有 20 人成功打出喷嚏并成功被实验仪器测量、记录。其余 26 人未能完成实验，未能完成实验的原因包括：由于生理原因导致未能在实验测量规定时间内打出喷嚏，或由于朝向、姿势等原因导致打出的喷嚏的液滴喷雾未得到有效测量。在 20 位成功完成实验的实验人员中，包括 10 位男性和 10 位女性，均为在校大学生，年龄介于 16~25 岁之间。所有的实验人员均为健康人，未曾罹患过严重肺部疾病，没有囊肿性纤维化、慢性阻塞性肺病或严重的哮喘等相关疾病病史，不包含长期吸烟、近期曾罹患呼吸道疾病或对受限空间有心理不适的人。所有实验人员的部分生理特征，包括性别、年龄、身高、体重和最大肺活量（forced vital capacity，FVC）等都通过面谈及测量得到记录。这些实验人员的生理特征如表 2-1 所示。其中，所有人员的年龄、身高、体重和最大肺活量的均值（标准差）分别为 21（2），1.72 m（0.09 m），62 kg（15 kg）和 4061 mL（1087 mL）。

表 2-1　实验人员的生理特征及完成实验次数

序号	性别	年龄	身高（m）	体重（kg）	最大肺活量（mL）	完成实验次数（喷嚏数量）
1	M	24	1.72	70	4500	2
2	M	21	1.81	73	6500	1
3	M	25	1.82	75	5000	1
4	M	25	1.85	104	5000	5
5	M	21	1.80	65	4000	2
6	M	21	1.85	75	5100	1
7	F	22	1.63	48	3250	2
8	F	19	1.68	57	2980	2

序号	性别	年龄	身高（m）	体重（kg）	最大肺活量 （mL）	完成实验次数 （喷嚏数量）
9	M	20	1.80	76	4500	3
10	F	21	1.64	54	3300	2
11	F	20	1.63	49	3690	3
12	M	20	1.75	67	5200	2
13	F	21	1.58	42	2920	2
14	F	16	1.71	56	3250	2
15	F	20	1.62	49	2750	1
16	M	20	1.77	70	5980	1
17	M	19	1.81	70	4130	3
18	F	21	1.65	53	3240	3
19	F	21	1.65	45	3220	1
20	F	20	1.65	48	2700	5

注：M 表示男性，F 表示女性。

2.2.3　实验方法

　　所有实验均在一个专用的测量室内完成。在实验过程中，该专用测量室的室内温度为 23.0～24.0℃，空气相对湿度为 32%～33%。该测量室通过安装在天花板上的通风系统提供适当的室内循环通风。新鲜空气通过顶部的中央空调进入测量室，保证室内的空气流通和循环供气。在实验过程中，该测量室内的气流速度小于 0.05 m/s，属于无感风速，不会对实验人员产生任何影响。在每次测量前，首先测量该实验环境中本底粒子的粒度分布。本底粒子粒度分布的测量过程也是 Spraytec 系统的标准运行程序（standard operating procedures，SOP）的一部分。每次本底粒子粒度分布测量持续 15 s，即本底粒子粒度分布共计测量37500（15×2500）次。在本底粒子粒度分布测量过程中，Spraytec 系统的数据处理模块会自动记录测量数据，并自动计算出平均的本底粒子粒度分布，将其作为本次测量的本底粒子粒度分布，储存在系统中。随后，在完成该次喷嚏呼出液滴粒度分布测量后，Spraytec 系统会自动将本底粒子粒度分布从喷嚏呼出液滴粒度分布的测量结果中扣除，直接给出喷嚏呼出液滴的体积粒度分布。此外，在每次测量过程中，如果实验人员未能在本底粒子粒度分布测量结束后 15 s 内打出喷嚏，标准运行程序将会重新启动，本底粒子的粒度分布也将被重新测量。

　　在每次测量开始前，实验人员都要喝水、漱口、休息，以保证正常、良好的生理状态。在进行实验测量时，实验人员可以自由选择鼻烟、棉签或毛发诱发喷嚏。本实验中使用的鼻烟为乳液状，使用时均匀涂抹在鼻腔内侧，通过产生类似于薄荷的清凉味道刺激鼻腔诱发喷嚏。实验中，该鼻烟不会变成粉末或者烟气状态，也不会扩散到空气中，不会影响实验的结果；本实验中使用的棉签为普通棉签，长为 5～6 cm，直径为 0.5～0.7 cm；毛发长约 5 cm。实验中，可以使用棉签或毛发对鼻腔进行物理刺激，从而诱发喷嚏。在整个实验测量过程中，所使用的棉签或毛发都始终由实验人员握在手中，因此也不会对实验结果产生影响。

在实验进行过程中，实验人员可以随时喝水、休息、漱口或洗脸。在每次测量结束后，实验人员都会进行至少 5 min 的休息。同时，该时间也足够保证空气中的悬浮液滴已全部离开测量区域并沉淀在固体表面，从而避免前一次实验中呼出的液滴对下一次实验的结果产生影响。在休息结束后，待实验人员准备就绪，会要求实验人员重复实验，重新进行喷嚏呼出液滴粒度分布的测量。在重复测量开始前，仍然会首先测量本底粒子的粒度分布。

在每次测量过程中，实验人员都会在激光粒度分析仪测量区域前的指定位置站好，保持正确的、舒适的姿势，保持嘴部靠近测量区域，正对激光光束和测量区域。在每次喷嚏开始前，均对实验人员嘴部与激光光束的距离进行测量，并将其保持在 0.05 m。为避免影响实验人员的舒适性，实验人员的头部并未被完全固定，以免影响或干扰实验人员打喷嚏的生理行为。为避免对喷嚏呼出液滴喷雾造成不必要的影响，实验测量过程中未使用任何收集装置。

2.3　体积粒度分布模型

2.3.1　体积粒度分布特征

在实验测量过程中，共计测量、记录了 44 个喷嚏。所有 20 位实验人员成功完成实验的次数（打喷嚏并得到记录的个数）的均值（标准差）为 2.2（1.2）。每位实验人员成功完成实验的次数如表 2-1 所示。

通过观察实验结果发现，测量得到的喷嚏呼出液滴体积粒度分布共有两种分布类型：单峰分布和双峰分布。在全部 44 个喷嚏中，共有 21 个满足单峰分布的分布特征，来自 12 位实验人员；23 个满足双峰分布的分布特征，来自 11 位实验人员。单峰分布和双峰分布的数量比例约为 1∶1.1。图 2-2 显示了 21 个单峰体积粒度分布，图 2-3 显示了 23 个双峰体积粒度分布。在实验过程中，共计有 3 位实验人员，其各自的多个喷嚏分别满足单峰分布特征和双峰分布特征：4 号实验人员有 4 个喷嚏具有单峰分布特征，1 个喷嚏具有双峰分布特征；14 号实验人员有 1 个喷嚏具有单峰分布特征，1 个喷嚏具有双峰分布特征；20 号实验人员有 1 个喷嚏具有单峰分布特征，4 个喷嚏具有双峰分布特征。

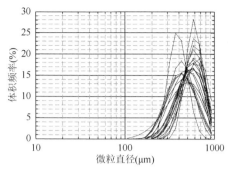
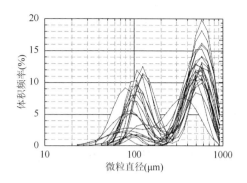

图 2-2　21 个单峰体积粒度分布　　　　　　　图 2-3　23 个双峰体积粒度分布

在实验中，由于激光粒度分析仪的采样频率很高，实验过程中对每个喷嚏都测量得到了大量数据。在每个喷嚏的持续时间内，每隔 0.4 ms 就会进行一次测量，得到一组体积粒度分布数据。通过对这些实验数据进行比较，可以进一步研究喷嚏呼出液滴粒度分布的时间稳定性。图 2-4 和图 2-5 分别显示了单峰分布和双峰分布的时间稳定性且体积粒度分布分别测量于喷嚏开始后的第 100 ms、200 ms、300 ms、400 ms、500 ms 和 600 ms。从图 2-4 和图 2-5 可以看出，对于同一个喷嚏，无论是具有单峰分布特征还是双峰分布特征，其体积粒度分布在该喷嚏的持续时间内都不会显著变化，粒度分布具有良好的时间稳定性。在每个喷嚏的持续时间内，不同时刻呼出的液滴的体积粒度分布基本相同。

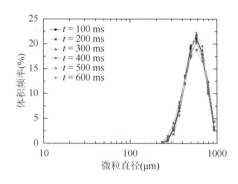
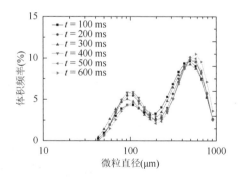

图 2-4　单峰体积粒度分布的时间稳定性　　　图 2-5　双峰体积粒度分布的时间稳定性

目前，针对喷嚏的呼吸行为特征和空气动力学机理的研究依然十分有限。根据针对咳嗽呼出气流流速的实验研究，呼出气流的峰值速度出现在 $t = 57 \sim 110$ ms，并与人的生理特征有关，可以认为呼出气流的峰值速度出现在 $t = 100$ ms 左右[1]。因此，本书选取每个喷嚏开始后 100 ms 时测量得到的体积粒度分布作为该喷嚏的体积粒度分布，用于数据处理和分析。图 2-2 和图 2-3 中显示的单峰和双峰粒度分布，即为每个喷嚏开始后 100 ms 时测量得到的体积粒度分布。喷嚏的持续时间一般为 0.3～0.7 s，因此 100 ms 依然处于喷嚏的持续时间之内，在 $t = 100$ ms 时测量得到的粒度分布是实时的喷嚏呼出液滴粒度分布。此外，鉴于喷嚏的呼出气流速度很高，认为在 $t = 0 \sim 100$ ms 期间呼出的液滴不会重新进入激光粒度分析仪的测量区域，也不会对实验结果产生干扰和影响。

2.3.2　体积粒度分布数值模型

为了定量计算喷嚏呼出液滴的粒度分布，描述并分析液滴的粒度分布特征，本节构建了喷嚏呼出液滴体积粒度分布的数值模型。从图 2-2 和图 2-3 可以看出，单峰粒度分布及双峰粒度分布的两个峰均在对数坐标下满足正态分布的特征。本节分别对单峰分布和双峰分布提出体积粒度分布的计算方法，如式（2-1）和式（2-2）所示。

对于单峰粒度分布：

$$P_{V,i,U} = A_U \left(\frac{1}{\sqrt{2\pi}\sigma_U} \right) e^{-\frac{(\log_{10} D_i - \mu_U)^2}{2\sigma_U^2}} \tag{2-1}$$

对于双峰粒度分布：

$$P_{V,i,B} = \text{MAX}[P_{V,i,B_1}, P_{V,i,B_2}]$$

$$P_{V,i,B_1} = A_{B_1} \left(\frac{1}{\sqrt{2\pi}\sigma_{B_1}} \right) e^{-\frac{(\log_{10} D_i - \mu_{B_1})^2}{2\sigma_{B_1}^2}} \tag{2-2}$$

$$P_{V,i,B_2} = A_{B_2} \left(\frac{1}{\sqrt{2\pi}\sigma_{B_2}} \right) e^{-\frac{(\log_{10} D_i - \mu_{B_2})^2}{2\sigma_{B_2}^2}}$$

式中，$P_{V,i,U}$ 和 $P_{V,i,B}$ 为直径区间 i 内所有液滴的体积与液滴喷雾内所有液滴的总体积的比值（即区间 i 内的体积粒度分布值），以百分比表示，分别对应于单峰分布和双峰分布；P_{V,i,B_1} 和 P_{V,i,B_2} 为双峰分布每个峰各自的体积粒度分布值；i 为直径区间的编号，$i = 1, 2, \cdots, n$，第 i 个直径区间的直径范围为 (d_i, d_{i+1})，单位为 μm；D_i 为直径区间 i 的几何均值，μm；μ_U，μ_{B_1}，μ_{B_2}，σ_U，σ_{B_1}，σ_{B_2}，A_U，A_{B_1}，A_{B_2} 为正态分布函数的特征参数，分别对应于单峰分布和双峰分布的两个峰的均值、标准差和系数。此外，对双峰分布，峰 1 的直径大于峰 2，即 $\mu_{B_1} > \mu_{B_2}$。

式（2-1）和式（2-2）考虑了喷嚏呼出液滴体积粒度分布的特征和规律。对于不同的人，其粒度分布特征的差异通过参数 μ_U，μ_{B_1}，μ_{B_2}，σ_U，σ_{B_1}，σ_{B_2}，A_U，A_{B_1}，A_{B_2} 体现。根据式（2-1）和式（2-2），对实验中测量得到的体积粒度分布进行函数拟合。本节采用非线性最小二乘法进行函数拟合，并计算拟合函数每个特征参数的值。图 2-6 显示了对单峰粒度分布和双峰粒度分布分别进行函数拟合的拟合结果，包括实验测量数据和对应的拟合曲线。从图 2-6 中可以看出，使用对数坐标下的正态分布函数能够精确描述喷嚏呼出液滴的体积粒度分布。

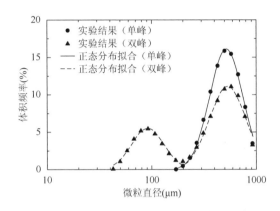

图 2-6　对数坐标下的正态分布函数拟合结果

使用该拟合方法对全部 44 个喷嚏的体积粒度分布进行函数拟合。对于双峰分布的两个峰，分别进行拟合和分布参数计算。函数拟合的显著水平（调整的 R^2 值）大于 0.99，P 等于零，具有良好的拟合优度。表 2-2 和表 2-3 显示的是函数拟合的结果，包括每个分布函数的均值、标准差和系数。其中，实验人员编号后的字母表示该实验人员的不同喷嚏的编号。由于实验中测量得到的粒度分布值精确度为 0.01%，表 2-2 和表 2-3 中的数据也保留 4 位小数。如表 2-2 所示，对于单峰分布，其分布函数的均值和标准差的平均值（标准差）分别为 2.7264（0.0526）和 0.1523（0.0247）。如表 2-3 所示，对于双峰分布，其峰 1 的均值和标准差的平均值（标准差）分别为 2.7331（0.0236）和 0.1524（0.0231），峰 2 的均值和标准差的平均值（标准差）分别为 1.9834（0.0807）和 0.1644（0.0447）。在实验中，共有 14 位实验人员多次完成实验，即有 2 个或 2 个以上的喷嚏得到测量。由于来自同一位实验人员的多个喷嚏并不是完全独立的，因此本节将每个实验人员的不同喷嚏的分布参数值的平均值作为该实验人员的喷嚏呼出液滴粒度分布的分布参数值，用于数据处理、分布特征分析和计算。从表 2-2 和表 2-3 可以看出，单峰分布的均值和双峰分布峰 1 的均值具有相同的大小范围，单峰分布的标准差和双峰分布的两个峰的标准差具有相同的大小范围，即：$\mu_U \approx \mu_{B_1}$，$\sigma_U \approx \sigma_{B_1} \approx \sigma_{B_2}$。

表 2-2　单峰粒度分布的拟合结果

编号	μ_U	σ_U	A_U	编号	μ_U	σ_U	A_U
1A	2.7552	0.1730	7.0469	10A	2.7779	0.1177	6.6457
1B	2.7480	0.1452	6.8704	10B	2.7801	0.1116	6.8133
2A	2.8046	0.1500	7.0463	12A	2.6323	0.1381	6.4667
3A	2.6822	0.2103	7.0442	12B	2.6264	0.1631	6.3996
4A	2.6252	0.1681	6.7221	13A	2.7342	0.1599	6.8163
4B	2.6413	0.1657	6.5569	13B	2.7447	0.1609	7.0530
4C	2.7420	0.1703	5.9714	14B	2.7155	0.1587	6.4132
4D	2.5917	0.1045	6.7022	15A	2.6829	0.1639	6.8879
9A	2.7680	0.0882	6.2960	19A	2.7761	0.1549	6.9070
9B	2.7914	0.0925	6.3650	20A	2.7390	0.1486	6.3150
9C	2.7428	0.1330	6.8488				

表 2-3　双峰粒度分布的拟合结果

编号	峰 1			峰 2		
	μ_{B_1}	σ_{B_1}	A_{B_1}	μ_{B_2}	σ_{B_2}	A_{B_2}
4E	2.6992	0.2104	6.0464	1.9034	0.2465	1.2623
5A	2.7598	0.1641	5.7726	1.9148	0.2345	1.3541
5B	2.7420	0.1703	5.9714	1.8633	0.2096	1.0838
6A	2.7223	0.1683	6.5595	1.8414	0.1099	0.3934
7A	2.7080	0.1559	5.1387	1.9744	0.1354	1.7766
7B	2.7154	0.1316	6.0027	2.1248	0.1248	6.7081
8A	2.7780	0.1431	4.4846	1.9394	0.1946	2.5307
8B	2.7452	0.1392	3.4715	1.9069	0.1460	3.3623
11A	2.7811	0.1138	3.8270	2.0535	0.1359	2.9633
11B	2.7243	0.1406	3.5679	2.1446	0.1806	1.5595
11C	2.7015	0.1851	5.8431	2.1204	0.1597	1.3867
14A	2.7170	0.1297	3.9804	2.0058	0.1123	2.7410
16A	2.7629	0.1545	6.3267	1.9974	0.1616	0.6949
17A	2.7576	0.1425	6.5223	1.9788	0.0963	0.4351
17B	2.7637	0.1330	6.6521	1.9955	0.0759	0.2639
17C	2.7606	0.1631	6.4701	2.0253	0.1754	0.6731
18A	2.7517	0.1012	3.2626	2.1032	0.1088	3.3664
18B	2.7258	0.1154	3.4791	2.1207	0.1183	3.2220
18C	2.7377	0.1361	3.5040	2.0455	0.1378	3.2362
20B	2.7283	0.1472	3.8752	2.0187	0.1455	2.9316
20C	2.6574	0.1314	3.4873	2.0642	0.1116	3.2493

2.3.3　体积粒度分布特征与人员生理特征关系

如表 2-2 和表 2-3 所示，不同实验人员的喷嚏呼出液滴体积粒度分布的特征参数明显不同，并且每个分布参数的标准差都比较大。因此，可以推断不同人的喷嚏呼出液滴体积粒度分布的特征参数之间存在一定差异性，且该差异性可能与每个人的生理特征有关。本节使用线性回归分析研究了粒度分布的分布参数和实验人员的身高、体重、肺活量等生理特征之间的关系。通过对相关参数进行线性回归分析，可以得到有关的 P 值和调整的 R^2 值，并以此来检测拟合得到的定量关系的显著水平和拟合结果的拟合优度。由于实验中有部分实验人员曾多次完成实验，拥有多组拟合数据，本节将同一位实验人员的不同喷嚏的分布参数值的平均值作为该实验人员的分布参数值，用于线性回归分析和数据拟合。

通过对喷嚏呼出液滴粒度分布的分布参数和实验人员的生理特征进行线性回归分析发现，单峰粒度分布的分布参数与实验人员的生理特征之间没有显著的相关性。单峰分布的均值和标准差与实验人员的身高、体重、肺活量的拟合关系的 P 值均大于 0.24，调整的 R^2 值均小于 0.1。对于双峰分布，峰 1 的标准差与实验人员的身高和体重有显著的相关性（$P<0.02$），峰 2 的均值与实验人员的身高和体重也有显著的相关性（$P<0.04$）。其他分布参数与实验人员生理特征没有显著的相关性，人体肺活量与所有分布参数均没有显著的相关性。因此，使用线性回归分析方法，可以得到对应的相关函数的参数的最优值。线性拟合结果如图 2-7 所示。其中，图 2-7（a）为双峰分布峰 1 的标准差与实验人员身高的线性拟合结果；图 2-7（b）为双峰分布峰 1 的标准差与实验人员体重的线性拟合结果；图 2-7（c）为双峰分布峰 2 的均值与实验人员身高的线性拟合结果；图 2-7（d）为双峰分布峰 2 的均值与实验人员体重的线性拟合结果。

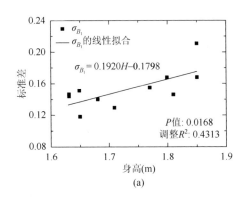
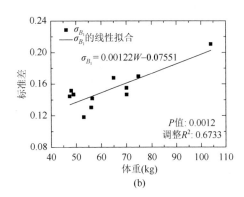

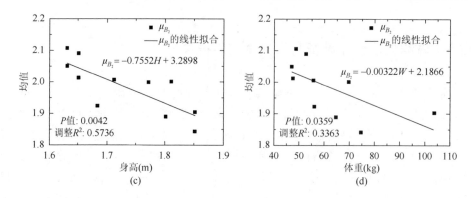

图 2-7　分布参数与实验人员生理特征的线性拟合结果

（a）双峰分布峰 1 的标准差与实验人员身高的关系；（b）双峰分布峰 1 的标准差与实验人员体重的关系；
（c）双峰分布峰 2 的均值与实验人员身高的关系；（d）双峰分布峰 2 的均值与实验人员体重的关系

拟合得到的函数关系如式（2-3）和式（2-4）所示：

$$\sigma_{B_1} = 0.1920H - 0.1798$$

$$(P = 0.0168,\ \ 调整R^2 = 0.4313)$$

$$或\ \ \sigma_{B_1} = 1.22 \times 10^{-3}W - 7.55 \times 10^{-2}$$

$$(P = 0.0012,\ \ 调整R^2 = 0.6733)$$

（2-3）

$$\mu_{B_2} = -0.7552H + 3.2898$$

$$(P = 0.0042,\ \ 调整R^2 = 0.5736)$$

$$或\ \ \mu_{B_2} = -3.22 \times 10^{-3}W + 2.1866$$

$$(P = 0.0359,\ \ 调整R^2 = 0.3363)$$

（2-4）

式中，H 为实验人员的身高，m；W 为实验人员的体重，kg。

使用式（2-3）和式（2-4）即可根据人的生理特征计算分布参数 σ_{B_1} 和 μ_{B_2} 的值。在对易感人群进行风险评估时，使用表 2-2 和表 2-3 中的分布参数的平均值对单峰和双峰分布的均值和标准差进行近似的估算，即：$\mu_U = 2.7264$，$\sigma_U = 0.1523$；$\mu_{B_1} = 2.7331$，$\sigma_{B_1} = 0.1524$；$\mu_{B_2} = 1.9834$，$\sigma_{B_2} = 0.1644$。

由于所有区间的体积粒度分布值的总和为 1（100%），所以液滴粒度分布的三个分布参数满足一定关系，体积粒度分布函数的系数需要根据均值和标准差计算。

对于单峰分布，本节根据均值和标准差给出体积粒度分布函数的系数的计算方法，如式（2-5）所示：

$$A_U = 100\sqrt{2\pi}\sigma_U \cdot \left(\sum_{i=1}^{n} e^{-\frac{[\log_{10}(D_i)-\mu_U]^2}{2\sigma_U^2}} \right)^{-1} \tag{2-5}$$

对于双峰分布，根据表 2-3 发现峰 1 与峰 2 的系数的比值约为 3。本节在对双峰分布计算系数值时，先根据式（2-5）对双峰分布的每个峰分别计算系数值 A'_{B_1} 和 A'_{B_2}，然后对 A'_{B_1} 和 A'_{B_2} 进行归一化，得到双峰分布每个峰的系数值 A_{B_1} 和 A_{B_2}。双峰分布两个峰的系数的计算方法如式（2-6）所示：

$$\begin{cases} A'_{B_1} = 100\sqrt{2\pi}\sigma_{B_1} \cdot \left(\sum_{i=1}^{n} e^{-\frac{[\log_{10}(D_i)-\mu_{B_1}]^2}{2\sigma_{B_1}^2}} \right)^{-1} \\[2em] A'_{B_2} = 100\sqrt{2\pi}\sigma_{B_2} \cdot \left(\sum_{i=1}^{n} e^{-\frac{[\log_{10}(D_i)-\mu_{B_2}]^2}{2\sigma_{B_2}^2}} \right)^{-1} \\[2em] A_{B_1} = \dfrac{3 A'_{B_1} A'_{B_2}}{3 A'_{B_2} + A'_{B_1}} \\[1.5em] A_{B_2} = \dfrac{A'_{B_1} A'_{B_2}}{3 A'_{B_2} + A'_{B_1}} \end{cases} \tag{2-6}$$

综上，本节给出的喷嚏呼出液滴的体积粒度分布的计算方法见式（2-1）和式（2-2）。式（2-1）和式（2-2）中所需的参数值根据人的生理特征按照式（2-3）～式（2-6）计算。在对易感人群进行风险评估时，使用各个分布参数的平均值计算体积粒度分布。

2.4 数量粒度分布模型

为了准确地给出每个直径区间内的液滴数量占液滴总数的比例，并描述不同直径区间内的液滴数量和分布特征，本节进一步构建喷嚏呼出液滴数量粒度分布的数值模型。在实验中，激光粒度分析仪测量得到的粒度分布为液滴的体积粒度分布。根据该体积粒度分布，对液滴的数量粒度分布进行计算。液滴的数量粒度分布表示的是该直径区间内所有液滴的数量与所有液滴的总数量的比值。假设喷嚏呼出的所有液滴均为球形，本节提出的喷嚏呼出液滴数量粒度分布的计算方法如式（2-7）所示：

$$P_{n,i} = \frac{N_i}{N} = \frac{P_{V,i}V\left(\frac{1}{6}\pi D_i^3\right)^{-1}}{\sum_{i=1}^{n} P_{V,i}V\left(\frac{1}{6}\pi D_i^3\right)^{-1}} = \frac{P_{V,i}D_i^{-3}}{\sum_{i=1}^{n} P_{V,i}D_i^{-3}} \qquad (2\text{-}7)$$

式中，$P_{n,i}$ 为喷嚏呼出液滴的数量粒度分布；N_i 为直径区间 i 内液滴的总个数；i 为直径区间的编号，$i = 1, 2, \cdots, n$；N 为液滴的总个数；V 为所有液滴的总体积；$P_{V,i}$ 为液滴的体积粒度分布，%。$P_{V,i}$ 可以根据式（2-1）～式（2-6）计算。

由此，根据式（2-7），对全部 44 个喷嚏计算液滴的数量粒度分布，并根据所有喷嚏的数量粒度分布，分别对单峰和双峰分布计算出平均的数量粒度分布。平均的单峰数量粒度分布如表 2-4 所示，平均的双峰数量粒度分布如表 2-5 所示。由于有 14 名实验人员曾多次完成实验，将每个人的多个喷嚏的数量粒度分布取平均值后再进行平均数量粒度分布的计算。

表 2-4　平均的单峰数量粒度分布

直径区间（μm）	数量比例	标准差	直径区间（μm）	数量比例	标准差
<100	<0.0050	—	292.9～341.5	0.1409	0.0385
100.0～116.6	0.0080	0.0169	341.5～398.1	0.1501	0.0275
116.6～135.9	0.0105	0.0249	398.1～464.2	0.1419	0.0424
135.9～158.5	0.0129	0.0303	464.2～541.2	0.1179	0.0553
158.5～184.8	0.0221	0.0330	541.2～631.0	0.0833	0.0491
184.8～215.4	0.0442	0.0396	631.0～735.6	0.0477	0.0307
215.4～251.2	0.0790	0.0474	735.6～857.7	0.0207	0.0139
251.2～292.9	0.1151	0.0490	857.7～1000.0	0.0056	0.0043

表 2-5　平均的双峰数量粒度分布

直径区间（μm）	数量比例	标准差	直径区间（μm）	数量比例	标准差
<21.5	<0.0050	—	73.6～85.8	0.1447	0.0627
21.5～25.1	0.0066	0.0179	85.8～100.0	0.1349	0.0774
25.1～29.3	0.0131	0.0342	100.0～116.6	0.1007	0.0699
29.3～34.1	0.0215	0.0484	116.6～135.9	0.0580	0.0485
34.1～39.8	0.0556	0.0686	135.9～158.5	0.0268	0.0259
39.8～46.4	0.0659	0.0723	158.5～184.8	0.0107	0.0106
46.4～54.1	0.0860	0.0690	184.8～215.4	0.0044	0.0039
54.1～63.1	0.1092	0.0495	215.4～251.2	0.0030	0.0020
63.1～73.6	0.1327	0.0377	251.2～292.9	0.0035	0.0024

直径区间（μm）	数量比例	标准差	直径区间（μm）	数量比例	标准差
292.9～341.5	0.0045	0.0034	541.2～631.0	0.0025	0.0027
341.5～398.1	0.0050	0.0049	631.0～735.6	0.0014	0.0016
398.1～464.2	0.0047	0.0044	735.6～857.7	0.0006	0.0007
464.2～541.2	0.0038	0.0038	857.7～1000.0	0.0002	0.0002

从表 2-4 和表 2-5 可以看出，对单峰分布，含有液滴数量最多的直径区间为 341.5～398.1 μm；对双峰分布，含有液滴数量最多的直径区间为 73.6～85.8 μm。对单峰分布和双峰分布，所有液滴的直径的几何均值分别为 360.1 μm 和 74.4 μm，几何标准差分别为 1.5 和 1.7。对于双峰分布的两个峰，其所有液滴的直径的几何均值分别为 386.2 μm（峰 1）和 72.0 μm（峰 2），几何标准差分别为 1.8（峰 1）和 1.5（峰 2）。

在计算得到喷嚏呼出液滴的平均数量粒度分布后，进一步和其他现有研究的结果进行比较。在现有的针对喷嚏呼出液滴粒度分布的研究中，Jennison 研究发现喷嚏呼出液滴的直径大部分介于 7～100 μm[18]之间；Duguid 研究认为喷嚏呼出液滴的直径范围为 1～2000 μm，且 95%的液滴介于 2～100 μm 之间[4]；Buckland 和 Tyrrell 的研究则认为，喷嚏呼出液滴的直径范围为 50～860 μm，并且 76%的液滴的大小介于 80～180 μm 之间[19]。Gerone 等的研究则认为液滴的大小范围为 1～15 μm 之间，但直径大于 15 μm 的液滴并未测量[20]。由此可以看出，本节得到的双峰粒度分布的主要直径范围与 Jennison、Duguid 及 Buckland 和 Tyrrell 的研究结果相近，大于 Gerone 等对小液滴测量得到的研究结果。

在现有研究中，Jennison 及 Buckland 和 Tyrrell 的研究评估了喷嚏呼出液滴的主要直径范围，但并未给出具体的粒度分布[18, 19]；在 Gerone 等的研究结果中，只有直径小于 15 μm 的液滴得到了测量和记录，直径大于 15 μm 的液滴都无法测量[20]。目前，只有 Duguid 的研究给出了喷嚏呼出液滴的数量粒度分布，因此本节将所得到的数量粒度分布与 Duguid 的研究结果进行了比较，如图 2-8 所示。与此同时，为了比较不同呼吸行为呼出液滴的数量粒度分布及分布特征，本节进一步将说话、咳嗽的呼出液滴数量粒度分布进行了比较，如图 2-8 和图 2-9 所示。由于需要使用具体的粒度分布而不是主要直径区间进行比较，本节选择 Duguid、Chao 等、Xie 等、Loudon 和 Roberts 的研究结果进行比较和分析[4, 8, 11, 21]。

由于不同研究所采用的实验方法和测量技术不同，实验中测量到的液滴的总数量也不同。本节选取各个研究给出的液滴数量粒度分布而不是每个直径区间内的液滴个数进行比较。在比较过程中，为了更好地显示每个直径区间的粒度分布值，使用每个直径区间的几何均值作为该区间的坐标点显示对应的粒度分布值。

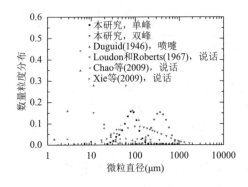
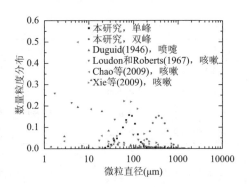

图 2-8　喷嚏和说话呼出液滴数量粒度
　　　　分布比较

图 2-9　喷嚏和咳嗽呼出液滴数量粒度
　　　　分布比较

图 2-8 显示的是喷嚏和说话呼出液滴的数量粒度分布的比较。从图 2-8 中可以看出，本节所得到的粒度分布要明显大于 Duguid 给出的结果。根据 Duguid 的研究结果，大部分（34.9%）的液滴的直径介于 4~8 μm 之间，而本节中的双峰分布显示大部分（31.2%）的液滴的直径介于 80~100 μm 之间，与 Buckland 和 Tyrrell 的研究结果相近[19]。在 Duguid 的研究中，对直径小于 80 μm 的液滴，其数量粒度分布的计算主要基于对沉淀在硝化纤维塑料片（celluloid-surfaced slide）上的完全蒸发后的液滴核的测量。因此，在 Duguid 的研究结果中，该直径范围内的液滴的数量比例要明显高于其他研究。与说话呼出液滴的数量粒度分布相比较发现，本节得到的双峰分布的主要直径范围要明显大于 Chao 等的研究结果，并小于 Loudon 和 Roberts 的研究结果[8, 21]。通过观察图 2-8 可以发现，本节得到的双峰分布与 Xie 等的研究结果相近[7]。图 2-9 显示的是喷嚏和咳嗽呼出液滴的数量粒度分布的比较。从图 2-9 中可以看出，本节得到的双峰分布的主要直径范围与 Loudon 和 Roberts 及 Xie 等的研究结果具有良好的相似度。但在 Chao 等及 Duguid 的研究结果中，直径介于 5~20 μm 之间的液滴的数量比例要明显高于本节的研究结果。从图 2-8 和图 2-9 中也可以看出，本节得到的单峰分布的直径范围要明显大于所有现有研究的结果。总的来看，本节的实验分析结果与现有部分研究的结果存在一些差异，造成这些差异的主要原因如下。

1. 蒸发效应的影响

当液滴从呼吸道中排出并进入空气中后，蒸发效应将会显著影响液滴的大小和质量。室内通风环境中空气的相对湿度和温度都要明显低于人的呼吸道中的气体相对湿度和温度。当液滴从呼吸道中呼出并进入室内环境中后，这些液滴中的可挥发成分就会不断蒸发，并导致液滴体积不断缩小。目前，国内外还没有针对呼吸道呼出液滴的蒸发作用的研究，无法对这些液滴的蒸发过程进行精确的定量描述。但在室内通风环境中，这些液滴的蒸发过程依然主要取决于所处环境中空气的相对湿度、温度及气流的速度[11]，而完全蒸发后的直径则取决于周围环境的温度和相对湿度[5, 11, 22]。例如，在温度为 20℃、相对湿度为 30% 的室内环境中（一般性的室内环境），对于呼出时初始速度为 10 m/s、直径小于 50 μm 的液滴，其完全蒸发所需的时间约为 2 s。而对于直径大于 50 μm、小于 95 μm 的液滴，其呼出后将会在自由下落 2 m（约等于人呼出液滴时液滴与地面的距离）前完全蒸发，其蒸发时间小于 7 s。更大的液滴将会持续蒸发，直到掉落在地面上[11]。因此，蒸发作用会导致呼出液滴的直径持续减小。

在 Duguid 的研究中，用于收集沉淀液滴的硝化纤维塑料片被放置在实验人员口鼻前 2～6 英寸（1 英寸 = 2.54 cm）的地方。这一距离已经足够让蒸发作用改变液滴的粒度分布[5, 8]。在 Loudon 和 Roberts 的研究中，实验人员被要求对着一个液滴收集舱室咳嗽，该液滴收集舱室的内壁上放有用于收集液滴的铜版纸[21]。在每次实验后，该收集舱室都会被静置约 30 min，以保证空气中飘浮的液滴都已沉淀在铜版纸表面上。因此，空气中飘浮的液滴也会在这 30 min 内持续蒸发，所得到的液滴粒度分布也是完全蒸发后的粒度分布。Xie 等的研究使用了一个与 Loudon 和 Roberts 的研究使用的收集舱室相似的液滴收集舱室装置。每次试验后，该收集舱室都会被静置至少 20 min，以保证空气中飘浮的液滴都已沉淀在收集舱室的内壁上。因此，Xie 等的研究得到的粒度分布也会受到蒸发作用的影响[7, 21]。在 Chao 等的研究中，测量区域设置在实验人员嘴部周围，液滴喷雾在从嘴部呼出时就得到测量。蒸发作用对于 Chao 等的研究结果的影响很小[8]。本节中，为了尽量减小蒸发作用对实验结果的影响，测量过程也是直接在实验人员嘴部周围完成，实验人员嘴部与激光测量区域间的距离非常小。因此，蒸发作用对本节研究的影响有限，小于对 Duguid、Loudon 和 Roberts 及 Xie 等的研究结果的影响，与 Chao 等的研究相似。

2. 实验测量方法的差异

不同的实验测量方法对实验结果也有明显的影响。Duguid、Loudon 和 Roberts 及 Xie 等的研究采用的是固体冲击法。在实验测量过程中，不同类型的液滴收集装置（硝化纤维塑料片、铜版纸或者玻璃片）被放置在实验装置内，用于收集液滴。然而，当液滴沉淀在这些收集装置表面时，液滴的形状会发生明显改变。因此通过测量沉淀液滴的痕迹得到的粒度分布并不准确[6]。同时，Duguid 对不同直径范围的液滴采用了不同的测量技术和方法，并使用了一种未经实验证实的修正函数对蒸发作用的影响进行修正。但是，Duguid 在将不同实验技术得到的测量结果整合在一起时，并未解释或者判定该修正方法的可靠性，其研究结果的误差较大[23]。本节使用光学方法测量液滴直径，没有使用任何液滴收集装置，因此测量结果不会受到测量装置等因素的影响。

此外，Duguid、Loudon 和 Roberts 及 Xie 等在使用固体冲击法进行液滴粒度测量时，将染料作为标识液滴的物质。在实验中，实验人员被要求将染料含在口中，然后再进行咳嗽、喷嚏等呼吸行为。然而，口含染料将会影响实验人员口腔内分泌物的形成过程，并导致实验人员感觉不适，进而影响咳嗽、喷嚏等呼吸行为的生理过程[7]。因此，在使用固体冲击法进行测量时，所使用的染料将会影响液滴的产生过程和呼吸行为的生理过程，导致测量结果与正常情况下呼出液滴的粒度分布不同。本节使用激光粒度分析仪直接测量喷嚏呼出的液滴喷雾，实验人员的呼吸行为和生理行为不会受其他因素的干扰。

3. 不同呼吸行为的空气动力学特征和液滴雾化过程的差异

雾化过程是咳嗽、喷嚏、呼吸等呼吸行为产生液滴的主要过程[9]。人在进行呼吸行为时，会在呼吸道内引发喷气雾化（air-jet atomization）过程，即高速气流与流动速度相对较低的液体流的相互作用。这一雾化过程主要取决于表面张力、液体黏度及气动力。表面张力能够阻止液体表面的扩张，使液体表面积趋向于最小值，对雾化过程起阻碍作用；液体黏度的作用主要是维持液体现有形状，阻碍任何改变液体形状的作用；气动力则是施加在液体表面的力，能够促进液体状态的改变，促进液滴的产生[9]。因此，液滴在雾化过程中的形成机制直接取决于喷射系统的空气动力学特征。

目前，现有研究中还没有关于液滴在呼吸道内产生、雾化、消失的完整理论[9]。人的不同呼吸活动具有明显不同的空气动力学特征。在打喷嚏时，呼出气流的最大速度为 $30\sim100$ m/s，远远大于呼吸、说话和咳嗽时呼出气流的最大速度[3, 20, 24]。喷嚏所引起的高速气流将会在呼吸道内形成明显的湍流效应，并改变呼吸道内流体的雾化过程[23, 25, 26]。根据 Lasheras 等对圆管水射流的研究，更高的液体流速将形成更大的平均液滴直径[27]。因此可以推断，具有更高的呼出气流速度的呼吸行为能够产生数量更多[23]、体积更大的液滴[6]。

2.5　实验误差影响因素

在本节的研究中，激光粒度分析仪测量得到的粒度分布为体积粒度分布。液滴的体积正比于液滴直径的三次方，因此在体积粒度分布中，大尺寸的液滴由于体积更大，与尺寸较小的液滴相比会具有更大的体积粒度分布值。假设液滴的形状为球形，如果呼出液滴所涵盖的直径范围很大，例如，大液滴的直径比小液滴的直径大 10^2 倍，并且大液滴和小液滴的数量基本相同，则大液滴的体积粒度分布值约为小液滴的体积粒度分布值的 10^6 倍。由于激光粒度分析仪的误差为 1%，在上述情况下，由于小液滴的总体积太小，仪器误差对实验结果的影响就非常显著，很难给出小液滴的体积粒度分布的精确值[5]，通过式（2-7）计算得到的数量粒度分布的精确度也会受到影响。在进行近似计算时，可以根据式（2-1）和式（2-2）对直径值较小的区间进行外推，估算体积粒度分布值。

在每次实验测量前，实验人员都被要求站在适当的位置上，嘴部靠近激光粒度分析仪的测量区域，正对激光光束和测量区域。实验人员嘴部距激光光束的距离保持在 0.05 m 左右，然而，为了避免让实验人员感觉不适或影响实验人员的正常生理行为，并未将实验人员的头部固定在测量区域周围。在实验人员打喷嚏的过程中，不能保证实验人员的嘴部与激光光束的距离始终为恒定值。因此，实验人员嘴部与激光光束之间距离的变化有可能会增加实验结果的不确定性。当然，与现有研究相比（例如，嘴部距离硝化纤维塑料片 2～6 英寸，或铜版纸放在液滴收集舱室底部），0.05 m 的距离足够小，可以满足实验测量的要求。

在实验过程中，由于喷嚏呼出的气流会迅速扩散，很难保证喷嚏呼出的液滴能够全部进入激光粒度分析仪的测量区域，并得到有效的测量和记录。因此，本节的数据处理过程隐含着对喷嚏呼出液滴喷雾均匀性的假设，即假设喷嚏呼出液滴喷雾的各个部分具有相同的粒度分布。这一假设有可能会增加计算结果的误差。同时，在实验测量及数据处理过程中，假设喷嚏呼出液滴的形状为球形。实际上，在液滴飘浮过程中，特别是在刚被高速气流送入室内环境中时，液滴的形状会有一定变化。液滴形状的变化也会增加测量结果的误差。例如，如果液滴的形状不是球形，则会低估液滴的大小；如果液滴被拉长，则会高估液滴的大小[6]。

在本节中，所有的实验人员均为健康的志愿者，健康人呼出的液滴的成分与疾病患者呼出的液滴的成分有一定不同[28]。感染呼吸道疾病将会改变呼出液滴里的黏液成分、总量及黏度，从而导致液滴直径的增加[6, 28]。疾病患者呼出的液滴中通常含有更高比例的黏液成分，因而会增大液滴完全蒸发后的最终平衡直径。根据 Seinfeld 和 Pandis 的研究，在对硫酸铵溶液液滴进行干燥时，使液滴从液相变成固态所需的最大相对湿度为 40%[22]。当室内环境的相对湿度值低于 40% 时，离子溶液将会完全蒸发。对于含有糖蛋白的离子溶液，在 30%～70% 的相对湿度范围内，液滴将会蒸发但不会完全干燥，其最终达到平衡时的直径为初始直径的 47%～61%。如果假设喷嚏呼出液滴为离子液滴，在相对湿度为 0% 的空气中，其完全蒸发后的残余直径为初始液滴直径的 16%。而如果假设其为含有糖蛋白的离子溶液，则在相对湿度为 0% 的环境中，最终的平衡直径为初始液滴直径的 44%[5]。因此，疾病患者呼出液滴的粒度分布与健康人呼出液滴的粒度分布明显不同。在呼吸道传染病传播蔓延过程中，携带有传染物质的气溶胶的扩散过程主要取决于气溶胶的大小，初始直径和成分的改变将会显著影响传染病传播蔓延的过程。

2.6　本章小结

本章研究了喷嚏呼出液滴的粒度分布特征，使用激光粒度分析仪对喷嚏呼出液滴的体积粒度分布进行了实验测量。研究发现，喷嚏呼出液滴的体积粒度分布分为单峰分布和双峰分布两种类型，其出现的比例约为 1:1.1。在每个喷嚏的持续时间内，呼出液滴的粒度分布具有良好的时间稳定性，其分布特征不随时间变化。

本章构建了喷嚏呼出液滴体积粒度分布的数值模型，定量计算了人打喷嚏呼出液滴的体积粒度分布。同时，本章对体模型的参数进行了分析，研究了人的身高、体重、肺活量等生理特征与模型参数的相关性，建立了部分分布参数与人的身高、体重的定量关系。根据所提出的喷嚏呼出液滴体积粒度分布数值模型，本章进一步构建了喷嚏呼出液滴体积数量粒度分布数值模型，并对所有测量到的喷嚏计算了数量粒度分布，得到了平均的喷嚏呼出液滴数量粒度分布。结果显示，对单峰分布，含有液滴数量最多的直径区间为 341.5～398.1 μm；对双峰分布，含有液滴数量最多的直径区间为 73.6～85.8 μm。对单峰分布和双峰分布，所有液滴的直径的几何均值分别为 360.1 μm 和 74.4 μm。对于双峰分布的两个峰，其液滴直径的几何均值分别为 386.2 μm（峰 1）和 72.0 μm（峰 2）。

本章将该结果与现有研究中关于喷嚏、咳嗽、说话等呼吸行为的呼出液滴数量粒度分布的结果进行了比较，并分析了有关的影响因素，主要原因包括：蒸发效应的影响作用、实验测量方法的差异、不同呼吸行为空气动力学特征与液滴雾化过程的差异等。

本章构建了喷嚏呼出液滴粒度分布的数值模型。其中，喷嚏呼出液滴的体积粒度分布根据式（2-1）和式（2-2）计算。式（2-1）和式（2-2）中所需的参数值根据人的生理特征按照式（2-3）～式（2-6）计算。在对易感人群进行风险评估时，使用各个分布参数的平均值计算体积粒度分布。喷嚏呼出液滴的数量粒度分布根据式（2-7）计算。该模型可以应用于传染物质扩散输运分析及数值模拟，对呼吸道传染病传播蔓延风险评估有重要意义。

参 考 文 献

[1]　Gupta J K，Lin C H，Chen Q. Flow dynamics and characterization of a cough. Indoor Air，2009，19（6）：517-525.

[2]　Gupta J K，Lin C H，Chen Q. Characterizing exhaled airflow from breathing and talking. Indoor Air，2010，20（1）：31-39.

[3]　Gao N P，Niu J L. Transient CFD simulation of the respiration process and inter-person exposure assessment. Building and Environment，2006，41（9）：1214-1222.

[4]　Duguid J P. The size and the duration of air-carriage of respiratory droplets and droplet-nuclei. The Journal of

Hygiene，1946，44（6）：471-479.

[5]　Nicas M，Nazaroff W W，Hubbard A. Toward understanding the risk of secondary airborne infection：emission of respirable pathogens. Journal of Occupational and Environmental Hygiene，2005，2（3）：143-154.

[6]　Gralton J，Tovey E，McLaws M L，et al. The role of particle size in aerosolised pathogen transmission. Journal of Infection，2011，62（1）：1-13.

[7]　Xie X，Li Y，Sun H，et al. Exhaled droplets due to talking and coughing. Journal of the Royal Society Interface，2009，6：S703-S714.

[8]　Chao C Y H，Wan M P，Morawska L，et al. Characterization of expiration air jets and droplet size distributions immediately at the mouth opening. Journal of Aerosol Science，2009，40（2）：122-133.

[9]　Morawska L. Droplet fate in indoor environments，or can we prevent the spread of infection？. Indoor Air，2006，16（5）：335-347.

[10]　Johnson G R，Morawska L，Ristovski Z D，et al. Modality of human expired aerosol size distributions. Journal of Aerosol Science，2011，42（12）：839-851.

[11]　Xie X，Li Y，Chwang A T Y，et al. How far droplets can move in indoor environments-revisiting the Wells evaporation-falling curve. Indoor Air，2007，17（3）：211-225.

[12]　Adi H，Larson I，Chiou H，et al. Agglomerate strength and dispersion of salmeterol xinafoate from powder mixtures for inhalation. Pharmaceutical Research，2006，23（11）：2556-2565.

[13]　Dayal P，Shaik M S，Singh M. Evaluation of different parameters that affect droplet-size distribution from nasal sprays using the Malvern Spraytec. Journal of Pharmaceutical Sciences，2004，93（7）：1725-1742.

[14]　Pilcer G，Sebti T，Amighi K. Formulation and characterization of lipid-coated tobramycin particles for dry powder inhalation. Pharmaceutical Research，2006，23（5）：931-940.

[15]　Simmons M J H，Hanratty T J. Droplet size measurements in horizontal annular gas-liquid flow. International Journal of Multiphase Flow，2001，27（5）：861-883.

[16]　Weir B S，Cockerham C C. Estimating F-statistics for the analysis of population-structure. Evolution，1984，38（6）：1358-1370.

[17]　Eng J. Sample size estimation：how many individuals should be studied？. Radiology，2003，227（2）：309-313.

[18]　Jennison M W. Atomizing of mouth and nose secretions into the air as revealed by high-speed photography. Aerobiology，1942，17：106-128.

[19]　Buckland F E，Tyrrell D A J. Experiments on spread of colds .1. Laboratory studies on dispersal of nasal secretion. The Journal of Hygiene，1964，62（3）：365-377.

[20]　Gerone P J，Couch R B，Keefer G V，et al. Assessment of experimental and natural viral aerosols. Bacteriological Reviews，1966，30（3）：576-584.

[21]　Loudon R G，Roberts R M. Droplet expulsion from respiratory tract. American Review of Respiratory Disease，1967，95（3）：435-442.

[22]　Seinfeld J H，Pandis S H. Atmospheric Chemistry and Physics：From Air Pollution to Climate Change. New York：John Wiley & Sons Inc，1998：508.

[23]　Johnson G R，Morawska L. The mechanism of breath aerosol formation. Journal of Aerosol Medicine Pulm D，2009，22（3）：229-237.

[24]　Zhao B，Zhang Z，Li X T. Numerical study of the transport of droplets or particles generated by respiratory system indoors. Building and Environment，2005，40（8）：1032-1039.

[25]　Papineni R S，Rosenthal F S. The size distribution of droplets in the exhaled breath of healthy human subjects.

Journal of Aerosol Medicine，1997，10（2）：105-116.

[26]　Fairchild C I，Stampfer J F. Particle concentration in exhaled breath-summary report. American Industrial Hygiene Association Journal，1987，48（11）：948-949.

[27]　Lasheras J C，Villermaux E，Hopfinger E J. Break-up and atomization of a round water jet by a high-speed annular air jet. Journal of Fluid Mechanics，1998，357：351-379.

[28]　Hersen G，Moularat S，Robine E，et al. Impact of health on particle size of exhaled respiratory aerosols: Case-control study. Clean-Soil Air Water，2008，36（7）：572-577.

第3章　运动人体微环境中的混合换热模式

3.1　概　　述

人体与环境间的换热模式主要分为三类：热传导、热对流及热辐射。热传导一般发生在存在温度梯度的静态介质中，由于分子的随机运动而产生相应的热量传递。热对流过程的能量传输主要由宏观和微观两种机制构成，一是由运动流体的相对位移所引发的热量传递，二是由温差引起的分子随机运动所引发的热量传递，理论上把这两种机制的叠加传输作用统称为热对流[1]。热辐射是指一定温度下的物体发射出来的能量，与前两种换热模式不同的是，其传输过程不需要物质媒介。在研究室内运动人员与周围环境的换热模式时，由于人体与其周围环境之间同时存在温差和相对速度，热对流引起的热损失效果最为明显，影响换热效果的因素也最为复杂，因此对体表对流换热细节的探索一直是此类研究的重点和难点。

关于对流问题的研究都被归结为计算对流换热系数方法的研究[2]。研究影响对流换热系数的因素及其作用效果，能够在一定程度上反映不同外界条件下的对流换热强度。人体体表的对流换热系数表征了人体与所处环境之间对流传热过程的快慢程度，受到物体几何形态及流动边界层条件等热力学因素的影响。理论层面上，经典的牛顿冷却定律仅定义了对流换热系数，并未体现其与各影响因素间的内在相关联系。因此，采用实验测量方法获得对流换热系数并探究其影响因素是当前最行之有效的方法之一。早期的实验研究大多局限于静态环境下人体与环境间的热量交换过程，或采用风洞环境模拟人员移动的效果。而近几年的研究逐渐表明，加入人员移动的真实运动细节将在很大程度上满足工程和设计上的精细需求，从而使室内人员健康安全的评估体系更加贴近实际应用情况。

基于此，本章的研究工作将围绕人员移动条件下的对流换热系数测量及其影响因素分析进行展开。通过构建全尺寸暖体假人室内运动实验场景，测量并计算出不同运动速度、运动方向及人体与环境间温差条件下，人体各身体部位的对流换热系数值；利用数值计算的方法解决在真实运动过程中产生的非稳态导热问题，分析运动速度、运动方向及环境温度对对流换热系数的影响；建立基于人员运动速度的对流换热系数表达式，并与风洞实验进行对比分析。

3.2　暖体假人运动实验

3.2.1　对流换热系数的计算公式

依据能量守恒定律，人体与环境间的热平衡方程可简化为

$$S = M - W - (E + R + C + K) \qquad (3\text{-}1)$$

式中，S 为人体蓄热量，当 $S > 0$ 时，人体储存能量，体温上升，当 $S < 0$ 时，人体释放能量，体温降低，当体温不变时，$S = 0$；M 为人体新陈代谢产热；W 为机械功；E 为蒸发换热量；K 为导热量；C 为对流换热量；R 为辐射换热量。后三项为热量传递的基本方式。

当人体处在适宜的室内环境中，且没有剧烈运动时，机械功 W 和蒸发换热量 E 均等于 0。产热量 M 和蓄热量 S 的差值等于总换热量，记为 Q。另外，由于导热一般仅在人体和固体表面接触时发生，故在研究中，导热量与对流及辐射换热量相比可以忽略。故式（3-1）可以简化为

$$Q = R + C \qquad (3\text{-}2)$$

用热流密度的形式表示换热量 Q；同时，根据牛顿冷却定律，用对流换热系数 h_{con} 和辐射换热系数 h_{rad} 表示对流和辐射换热量，则有

$$Q = q \times A_{sk} \qquad (3\text{-}3)$$

$$R = \frac{\sigma T_{sk}^4 - \sigma T_w^4}{\dfrac{1 - \varepsilon_{sk}}{\varepsilon_{sk} A_{sk}} + \dfrac{1}{A_{sk} X_{sk,w}} + \dfrac{1 - \varepsilon_w}{\varepsilon_w A_w}} = h_{rad} \times (T_{sk} - T_a) \times A_{sk} \qquad (3\text{-}4)$$

$$C = h_{con} \times (T_{sk} - T_a) \times A_{sk} \qquad (3\text{-}5)$$

式中，A 为传热表面积，m^2；T 为温度，K，下角标 sk、w 及 a 分别表示人体皮肤、环境墙壁及空气；$X_{sk,w}$ 为人体皮肤对墙壁及地面的角系数；h_{con} 与 h_{rad} 分别为对流与辐射换热系数，$W/(m^2 \cdot K)$；ε_{sk} 为本实验中暖体假人的黑度，$\varepsilon_{sk} = 0.82$。

式（3-4）的中间部分表示两个漫灰表面组成的密闭空腔内的辐射换热量。实验开展的过程中，暖体假人的表面积相对于墙壁和地面的面积可以忽略，即 $A_{sk}/A_w \to 0$。则可以将式（3-4）简化为

$$R = \varepsilon_{sk} A_{sk} (\sigma T_{sk}^4 - \sigma T_w^4) = h_{rad} \times (T_{sk} - T_a) \times A_{sk} \qquad (3\text{-}6)$$

因此，在本实验中，辐射换热系数的计算方法为

$$h_{rad} = \frac{\varepsilon_{sk}(\sigma T_{sk}^4 - \sigma T_w^4)}{T_{sk} - T_a} \qquad (3\text{-}7)$$

由式（3-2）和式（3-3）得出，人体与环境间的总换热流密度为

$$q = \frac{R}{A_{sk}} + \frac{C}{A_{sk}} \tag{3-8}$$

将式（3-5）与式（3-7）代入式（3-8），可得体表对流换热系数的计算式为

$$h_{con} = \frac{q}{T_{sk} - T_a} - h_{rad} = \frac{q}{T_{sk} - T_a} - \frac{\varepsilon_{sk}(\sigma T_{sk}^4 - \sigma T_w^4)}{T_{sk} - T_a} \tag{3-9}$$

根据式（3-9），为了获得对流换热系数的值，实验应测量人体运动过程中的皮肤温度 T_{sk}、周围空气温度 T_a 及墙壁温度 T_w。其中，通过实验方法获得人体与环境间总换热流密度 q 也是关键步骤，在求解过程中涉及的由运动引起的非稳态导热问题将在 3.3 节中具体阐述。

3.2.2 实验仪器

1. 定速轨道

本实验中，暖体假人的匀速运动通过一个 10 m 长的轨道及安装于小车下方的调频电机马达实现。如图 3-1 为定速轨道的实景图。轨道位于实验场地中央，暖体假人固定于轨道小车上，小车下方装配有可调频的电机，不同频率对应于不同的小车运动速度，最高频的设定可以实现 1.3 m/s 的运动速度。多次测试实验发现，小车达到额定最高速度（即 1.3 m/s）需要约 0.3 s 的加速时间，小车由最高速度到停止状态的减速阶段也需要约 0.3 s。故近似认为小车在 10 m 长的运行距离中均处于匀速运动的状态。

图 3-1　全尺寸暖体假人运动实验环境实景图

2. 暖体假人

本实验采用由 Measurement Technology Northwest 公司制造的暖体假人 Newton，其主要由环氧金属材料构成，皮肤表面内置发热装置，距皮肤表层 0.5 mm 处嵌有有线温度传感器，温度测量的精度为 0.01℃。暖体假人 Newton 被划分为 20 个身体分区（图 3-2），能够独立控制和采集各个分区的发热功率和温度数据。

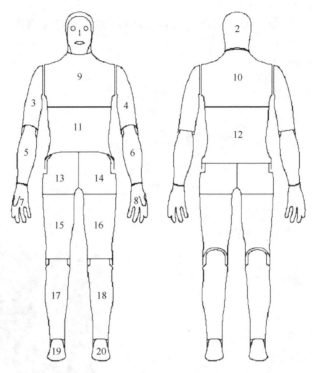

图 3-2　暖体假人 Newton 的身体分区示意图

　　利用数据线和电源线将暖体假人与数控箱和计算机相连，从而对暖体假人进行监测和控制。操控软件为 ThermDAC 软件，其有两套操作界面：一套以彩色曲线和表格的形式监测暖体假人各个身体部位的参数变化规律［图 3-3（a）］；另一套仿彩界面直观地显示了暖体假人各个身体部位的参数信息［图 3-3（b）］。

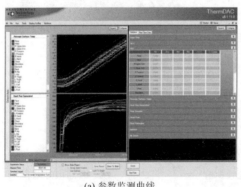

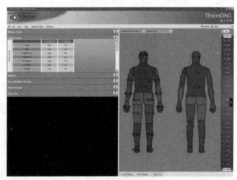

(a) 参数监测曲线　　　　　　　　　　　　　　(b) 参数监测仿彩图

图 3-3　暖体假人的软件控制界面

暖体假人的控制模式共有四种类型[3]，分别为：

（1）恒功率控制，将暖体假人的核心发热功率设定为固定值，使其持续升温，直到与周围环境达到热平衡；

（2）恒温控制，将暖体假人的皮肤温度设定为固定值，使其自动调节发热功率，直至皮肤温度达到设定值；

（3）舒适模式，这一模式与上一种类似，在设定暖体假人皮肤温度后，暖体假人将按照 Madsen 舒适度模型进行调节；

（4）可编程控制模式，暖体假人将根据用户自定义程序控制温度和发热量。

其中，前两种控制模式最为常用。在预实验中，为了避免由身体各部位间温差而引起的导热，采取了能够保证假人各身体部位温度相等的恒温控制策略。然而，如图 3-4 所示，暖体假人皮肤温度并不恒定，温度与发热功率一直处于波动状态。这是因为暖体假人的控制系统不断通过反馈的皮肤温度控制内部发热功率，整个反馈过程一直处于滞后的状态，所以在发热功率与变化的环境共同作用下，温度产生较大波动，掩盖了原本的实验现象。

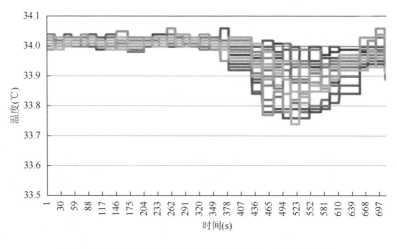

图 3-4　暖体假人采用恒温控制模式下的皮肤温度曲线

若采用恒功率控制，如图 3-5（a）所示，内部发热功率绝对恒定，避免了控制模式带来的波动误差。然而，如图 3-5（b）所示，暖体假人在运动过程中皮肤温度一直处于下降状态，无法实现皮肤温度的稳定，最终导致其与环境间总换热量的非稳态结果。这一问题在前面已经提到，对于此类非稳态导热问题可以采用 3.3 节中的有限差分思路求解。

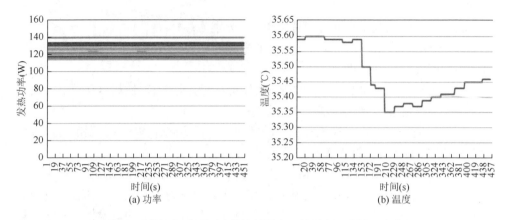

(a) 功率　　　　　　　　　　　　　　(b) 温度

图 3-5　暖体假人采用恒功率控制模式下的功率和皮肤温度曲线

3. 温度测量仪器

根据式（3-9）的计算式，实验中需要测量暖体假人与环境间的总换热流密度 q、皮肤温度 T_{sk}、空气温度 T_a 及墙壁温度 T_w。其中，q 和 T_{sk} 可以由计算机直接读取或解数值解分析得出，T_a 和 T_w 则可以通过测温仪器测量。

本实验采用 OMEGA 公司制造的两款测温热电偶：触点式测温热电偶［图 3-6（a）］用于测量空气温度 T_a；贴片式测温热电偶［图 3-6（b）］用于测量墙壁温度 T_w。两种热电偶的测温精度均为 0.001℃。如图 3-6（c）所示，数据由该公司生产的采集仪进行采集，频率为 1 Hz，再由 DaqLab 软件导出。

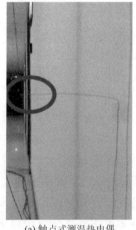

(a) 触点式测温热电偶　　　　(b) 贴片式测温热电偶　　　　(c) 采集仪器

图 3-6　测温热电偶及采集仪器

4. 风速测量仪器

实验过程中应保证环境的静止状态，即风速 $v < 0.1$ m/s[4]。因此，在实验场中的不同位置布置用来测量风速的风速仪，实验中使用的一维风速仪精度为 0.01 m/s。对应于暖体假人前进方向的 2 m、5 m 及 8 m 位置，在轨道的一侧各布置一组风速仪探头，每个测量点布置三个方向的风速探头，如图 3-7 所示。

图 3-7　风速采集探头

各测量点布置 x，y，z 三个方向

3.2.3　工况设计

1. 运动速度

在研究运动速度的影响时，分别设定暖体假人的运动速度为 0.2 m/s、0.5 m/s、0.8 m/s、1.1 m/s 和 1.3 m/s 进行研究。小车运动速度与其电机频率一一对应，在实验中，利用秒表反复测定 5 个速度值对应的频率值。

2. 运动方向角

在研究运动方向角的影响时，实验设计了 0°（假人面向轨道前进方向）、45°、90°（假人的右侧面向轨道前进方向）、135°、180°、225°、270° 及 315° 共 8 个运动方向（图 3-8），通过改变假人的固定方式实现。

3. 人体与环境间的温差

根据实验所处环境的不同温度设定，分别实现了 4℃、8℃、12℃ 和 16℃ 这 4 种人体与环境间的温差条件。为了研究运动方向角因素和温差因素产生的耦合效果，每个温差条件下均开展 8 个运动方向角的实验。

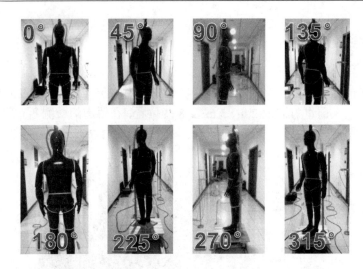

图 3-8　暖体假人的 8 种固定方式

结合实验变量，本研究共设计了 160 种实验工况，如表 3-1 所示。同时，为保证数据的准确性，每个实验工况重复 3 组实验，以避免由操作误差引起的错误。

表 3-1　实验工况编号列表

温差	运动速度	运动方向角							
		0°	45°	90°	135°	180°	225°	270°	315°
4℃	0.2 m/s	I A1	I B1	I C1	I D1	I E1	I F1	I G1	I H1
	0.5 m/s	I A2	I B2	I C2	I D2	I E2	I F2	I G2	I H2
	0.8 m/s	I A3	I B3	I C3	I D3	I E3	I F3	I G3	I H3
	1.1 m/s	I A4	I B4	I C4	I D4	I E4	I F4	I G4	I H4
	1.3 m/s	I A5	I B5	I C5	I D5	I E5	I F5	I G5	I H5
8℃	0.2 m/s	II A1	II B1	II C1	II D1	II E1	II F1	II G1	II H1
	0.5 m/s	II A2	II B2	II C2	II D2	II E2	II F2	II G2	II H2
	0.8 m/s	II A3	II B3	II C3	II D3	II E3	II F3	II G3	II H3
	1.1 m/s	II A4	II B4	II C4	II D4	II E4	II F4	II G4	II H4
	1.3 m/s	II A5	II B5	II C5	II D5	II E5	II F5	II G5	II H5
12℃	0.2 m/s	IIIA1	IIIB1	IIIC1	IIID1	IIIE1	IIIF1	IIIG1	IIIH1
	0.5 m/s	IIIA2	IIIB2	IIIC2	IIID2	IIIE2	IIIF2	IIIG2	IIIH2
	0.8 m/s	IIIA3	IIIB3	IIIC3	IIID3	IIIE3	IIIF3	IIIG3	IIIH3
	1.1 m/s	IIIA4	IIIB4	IIIC4	IIID4	IIIE4	IIIF4	IIIG4	IIIH4
	1.3 m/s	IIIA5	IIIB5	IIIC5	IIID5	IIIE5	IIIF5	IIIG5	IIIH5

续表

温差	运动速度	运动方向角							
		0°	45°	90°	135°	180°	225°	270°	315°
	0.2 m/s	ⅣA1	ⅣB1	ⅣC1	ⅣD1	ⅣE1	ⅣF1	ⅣG1	ⅣH1
	0.5 m/s	ⅣA2	ⅣB2	ⅣC2	ⅣD2	ⅣE2	ⅣF2	ⅣG2	ⅣH2
16℃	0.8 m/s	ⅣA3	ⅣB3	ⅣC3	ⅣD3	ⅣE3	ⅣF3	ⅣG3	ⅣH3
	1.1 m/s	ⅣA4	ⅣB4	ⅣC4	ⅣD4	ⅣE4	ⅣF4	ⅣG4	ⅣH4
	1.3 m/s	ⅣA5	ⅣB5	ⅣC5	ⅣD5	ⅣE5	ⅣF5	ⅣG5	ⅣH5

注：温差编号为Ⅰ～Ⅳ，运动方向角编号为A～H，运动速度编号为1～5。

3.2.4　实验方法

　　为了测量暖体假人身体各部位所对应的环境温度，需要将触点式热电偶按照身体各部位的高度进行排布，由于运动小车距地面高度为 0.25 m，确定热电偶的高度分布如图 3-9 所示。为测定壁面温度，将 8 个贴片式热电偶沿着竖直墙壁从顶端至底端均匀贴于对应于轨道中部位置的壁面上，用以测量不同高度位置的墙壁温度。将 9 个一维风速仪探头分为 3 组，分别布置于沿轨道前进方向 2 m、5 m 和 8 m 的一侧，用以监测实验过程中的环境风速。

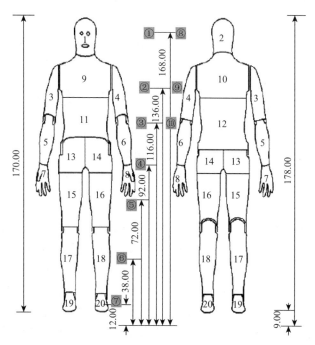

图 3-9　热电偶布置高度与暖体假人身体各部位的对照图（单位：cm）

在对实验设备进行调试时，有 3 个细节需要注意：①将暖体假人程序时间与热电偶采集仪系统时间同步设定；②在对暖体假人进行恒功率设置时，需要保证假人身体各部位的温度相等（差值在 0.1℃以内），以避免各区之间由温度不相等引起的热传导；③每次启动假人移动之前，保证风速仪实时监测的风速值满足 $v<0.1$ m/s。

3.3　人员移动导致的非稳态传导热问题

3.3.1　非稳态传导热的求解思路

对比之前静态或风洞条件下的实验研究，人体真实的运动行为将涉及对于非稳态传导热的讨论与研究。实验过程中，由于运动暖体假人的皮肤温度始终处于变化的状态，即暖体假人皮肤的蓄热量 S 不为 0。在设置暖体假人的核心产热量 M 保持不变的情况下，根据能量守恒定律，暖体假人与环境之间的总换热量 Q 将在运动过程中不断变化，并且与核心产热量及皮肤温度相关。为了得到总换热量 Q，进而得到总换热流密度 q 的值，假设人体与环境间的换热量等于皮肤内部表层处的导热量。因此，通过分析皮肤内部的非稳态导热过程，可以解决由移动引起的非稳态传热问题。

本研究采用有限差分法求解一维非稳态导热方程，下面将介绍研究基本思路，并结合实验中暖体假人各身体部位加以讨论。

根据能量守恒定律和傅里叶定律，导热微分方程在笛卡儿坐标系下，其一般表达式为

$$\rho c \frac{\partial u}{\partial t} = \frac{\partial}{\partial x}\left(\lambda \frac{\partial u}{\partial x}\right) + \frac{\partial}{\partial y}\left(\lambda \frac{\partial u}{\partial y}\right) + \frac{\partial}{\partial z}\left(\lambda \frac{\partial u}{\partial z}\right) + \Phi \tag{3-10}$$

当导热系数为常数，且介质内部无内热源（$\Phi = 0$）时，式（3-10）可简化为常物性、无内热源条件下的三维非稳态导热微分方程，即

$$\frac{\partial u}{\partial t} = a\left(\frac{\partial^2 u}{\partial x^2} + \frac{\partial^2 u}{\partial y^2} + \frac{\partial^2 u}{\partial z^2}\right) \tag{3-11}$$

式中，a 为热扩散系数；ρ 为皮肤材料密度，kg/m³；λ 为导热系数，W/(m·K)；c 为比热容，J/(kg·K)。根据实验中所用暖体假人的皮肤属性，$\rho = 1400$ kg/m³，$\lambda = 13$ W/(m·K)，$c = 500$ J/(kg·K)。因此微分方程系数 $a = \lambda/\rho c = 1.857 \times 10^{-5}$。

考虑到实验所用暖体假人的躯干、脸、头、手及脚这几个部位均存在一定的展平面积，因此对这些部位的非稳态导热问题可以近似为对一维平板的求解。其他四肢部位的表面均存在一定的曲率，因此近似为一维圆柱进行求解。采用有限差分法求解一维非稳态导热问题的基本思路为：

（1）明确非稳态导热的定解问题和求解域范围；

（2）根据研究对象的尺度，选取合适的时间和空间步长，离散空间求解域和时间变量；

（3）根据数值逼近思想将定解问题近似成代数表达式；

（4）采用显式差分（FTCS）或隐式差分（BTCS）格式对差分方程进行求解，并通过计算机编程实现迭代计算，最终得到结果。

在式（3-11）的基础上，一维非稳态导热方程可简化为

$$\frac{\partial u}{\partial t} = a\frac{\partial^2 u}{\partial x^2} \tag{3-12}$$

求解域为$(x, t) \in [0, l] \times [0, \infty)$，其中，$l$ 为皮肤的厚度。

将空间求解域平均分为 J 段，整个空间区域共有 $J+1$ 个节点，则空间步长为 $\mathrm{d}x = l/J$。将时间变量平均分为 N 段，则时间步长为 $\mathrm{d}t = T/N$。离散之后，求解域被划分为一个时空网格（图 3-10）。网格上每个节点 u_j^n[①] 为该处物理量 T 的一个近似解，其中上标 n 为时间编号，下标 j 为空间编号。

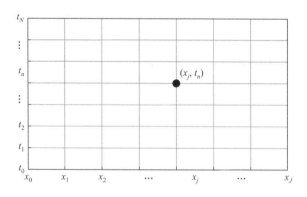

图 3-10　求解域的离散化

当 $\mathrm{d}t$ 与 $\mathrm{d}x$ 足够小时，将方程（3-12）与定解条件中的偏导项用差商形式表达：

$$u_t(x,t) = \frac{u(x,t+\Delta t) - u(x,t)}{\Delta t}$$
$$u_{xx}(x,t) = \frac{u(x+\Delta x,t) - 2u(x,t) + u(x-\Delta x,t)}{(\Delta x)^2} \tag{3-13}$$

将式（3-13）代入式（3-12），并采用上下标的形式，可以得到导热方程定解问题的代数表达式：

---

① 为行文简明，将 $u(x_j, t_n)$ 记为 u_j^n。

$$\frac{u_j^{n+1} - u_j^n}{\mathrm{d}t} = a\frac{u_{j+1}^n - 2u_j^n + u_{j-1}^n}{(\mathrm{d}x)^2} \qquad (3\text{-}14)$$

令 $s = a\dfrac{\mathrm{d}t}{(\mathrm{d}x)^2}$，为满足式（3-14）差分方程解的稳定性，必须满足 $s \leqslant \dfrac{1}{2}$[5]。

将 s 代入式（3-14）并化简可以得到

$$u_j^{n+1} = su_{j+1}^n + (1-2s)u_j^n + su_{j-1}^n \qquad (3\text{-}15)$$

综合求解方法及实验所用暖体假人的物理属性，一些数据处理过程中用到的参数如下：暖体假人的皮肤厚度 l 为 0.008 m，空间网格数 J 选取为 9，则空间步长 $\mathrm{d}x$ 为 0.001 m。实验中暖体假人运动时间与速度大小有关，最长为 40 s，最短为 6 s。结合对网格稳定性的要求，时间网格数 N 选取为 24001，则时间步长 $\mathrm{d}t$ 约为 0.001 s。

根据式（3-15）的描述，对于每一个近似解，均依赖于前一个时间步中相邻的 3 个节点，最终可以通过递推关系得以求解。图 3-11 清晰地反映了这种依赖关系，虚线框中的节点成为显式差分格式的模板点。

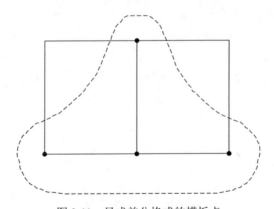

图 3-11　显式差分格式的模板点

在利用显式差分方法对导热方程进行求解时，必须依赖该定解问题的初始和边界条件，由边界节点向内部节点逐步递推，最终求解出所有节点。具体求解步骤将在下面结合两种近似情况进行讨论。

3.3.2　人体躯干部位的求解

前面提到，实验所用暖体假人的躯干、脸、头、手及脚部均有一定的展平面积，将这些部位近似成一维无限大平板。同时，基于暖体假人的结构原理，做如下假定：暖体假人皮肤平均厚度为 l，皮肤最内层表面上均匀分布着核心发热装置，即皮肤的内表层均为相等的热流密度；另外，皮肤最外层边界层上均匀分布着监测暖体假人皮肤温度的热电偶（图 3-12），故初始条件为皮肤各处温度相等。

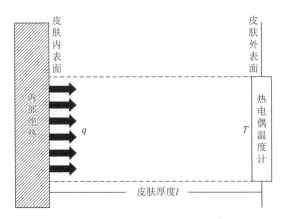

图 3-12　皮肤剖面示意图（一维平板近似）

边界条件为平板内表层的热流密度已知，外表层温度已知。因此，定解问题可以描述为

$$\frac{\partial u}{\partial t} = a\frac{\partial^2 u}{\partial x^2}$$

$$\begin{cases} u(x,0) = T_0 \\ u_x(0,t) = -\dfrac{\dot{q}}{\lambda} \\ u(l,t) = T(t) \end{cases} \quad \left(a = \frac{\lambda}{\rho c}, 0 \leqslant x \leqslant l, 0 \leqslant t \leqslant T_0 \right) \qquad (3\text{-}16)$$

式中，$\dot{q}$ 为暖体假人皮肤内表层的产热量，即核心产热量；$T(t)$ 为暖体假人瞬时皮肤温度。

利用有限差分的离散思想，令 $s = a\dfrac{\mathrm{d}t}{(\mathrm{d}x)^2}$，将式（3-16）描述为

$$u_j^{n+1} = s u_{j+1}^n + (1-2s)u_j^n + s u_{j-1}^n$$

$$u_j^0 = T_0$$

$$\frac{u_0^{n+1} - u_0^n}{\mathrm{d}x} = -\frac{\dot{q}}{\lambda} \qquad (0 \leqslant j \leqslant J, 0 \leqslant n \leqslant N) \qquad (3\text{-}17)$$

$$u_J^n = T(n \cdot \mathrm{d}t)$$

因此，只要对暖体假人运动过程中每一时刻的核心产热量及皮肤温度值进行测量，就可以利用式（3-17）求解出皮肤内部网格中每个节点的近似解，即皮肤内部温度分布。再通过

$$q = -\lambda \frac{u_J^N - u_J^{N-1}}{\mathrm{d}x} \qquad (3\text{-}18)$$

获得任意 t 时刻时皮肤外表层的导热量，即为前面提到的人体与环境间总换热量 q。将该值代入式（3-9）中，可以计算获得身体各部位的对流换热系数值。

3.3.3　人体四肢部位的求解

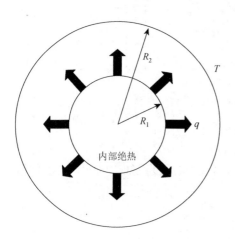

图 3-13　一维圆柱近似的截面示意图

前面提到,暖体假人四肢部位均有一定的曲率,可以近似为一维无限长的、内部绝热的圆柱筒（图 3-13）。

类似地，基于暖体假人的结构原理，假定暖体假人的核心发热装置均匀分布于皮肤内表层上，内表层距截面圆心 R_1；测量皮肤温度的热电偶均匀分布于皮肤最外表层上，外表层距截面圆心 R_2，$R_2 - R_1 = l$，l 为皮肤厚度。

因此，初始条件为圆柱筒内温度相等。边界条件为圆筒内表层热流已知，外表层温度已知。故在圆柱坐标系下，一维圆柱近似的非稳态导热方程可以简化为

$$\frac{\partial u}{\partial t} = a\left(\frac{\partial^2 u}{\partial r^2} + \frac{1}{r}\frac{\partial u}{\partial r} \right)$$

$$\begin{cases} u(r,0) = T_0 \\ u_r(R_1,t) = -\dfrac{\dot{q}}{\lambda} \\ u(R_2,t) = T(t) \end{cases} \quad \left(a = \frac{\lambda}{\rho c}, R_1 \leqslant r \leqslant R_2, 0 \leqslant t \leqslant T_0 \right) \qquad (3\text{-}19)$$

类似地，利用有限差分思想对式（3-19）简化，令 $s = a\dfrac{\mathrm{d}t}{r(\mathrm{d}r)^2}$，则有

$$u_j^{n+1} = s(\mathrm{d}r + 1) \cdot u_{j+1}^n + (1 - 2s - 2s \cdot \mathrm{d}r)u_j^n + su_{j-1}^n$$

$$u_j^0 = T_0$$

$$\frac{u_0^{n+1} - u_0^n}{\mathrm{d}r} = -\frac{\dot{q}}{\lambda} \qquad (0 \leqslant j \leqslant J, 0 \leqslant n \leqslant N) \qquad (3\text{-}20)$$

$$u_J^n = T(n \cdot \mathrm{d}t)$$

至此，可以获得四肢部位皮肤内部的温度分布。再通过

$$q = -\lambda \frac{u_J^N - u_J^{N-1}}{\mathrm{d}r} \qquad (3\text{-}21)$$

获得任意时刻 t 时人体与环境间的总换热量 q，代入式（3-9）进一步计算得到该时刻下的对流换热系数。

3.4　结果与讨论

3.4.1　数据处理方法

在对实验采集数据进行处理时发现，由于暖体假人的测温热电偶精度仅为 $0.01℃$，皮肤温度会出现如图 3-14 所示的情况，即在相邻几秒的区域内，温度显示为同一数值。如果仅采用连接各点生成温度曲线的方法，则无法较好地反映温度连续变化的真实情况。因此，本研究采用拟合边界温度的方法得到一条连续分布的边界温度曲线。考虑到当时间达到无穷大时，皮肤的温度将趋于定值，因此采用幂函数 $y = ax^b + c$ 来拟合随时间变化的皮肤温度曲线（图 3-14）。

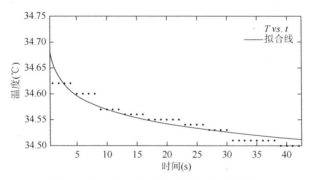

图 3-14　假人皮肤温度随时间的变化曲线

将拟合后的温度曲线代入求解非稳态导热的数值计算程序并运行后，可以获得暖体假人与环境间总换热系数随时间变化的曲线（图 3-15）。考虑到在拟合皮肤

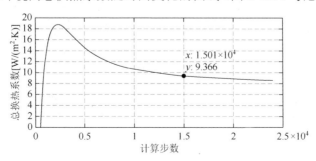

图 3-15　总换热系数随时间的变化曲线

温度时前面一段出现了失真，同时在暖体假人运动期间前后均有 0.3 s 的非匀速状态，因此取 3/5 总时间处的 h 值作为暖体假人运动过程中的平均总换热系数。再用该值减去由式（3-7）计算出的人体与墙壁间辐射换热系数 h_{rad}，可以得到对流换热系数 h_{con}。

3.4.2　运动速度对对流换热系数的影响

运动速度是体表对流换热系数的重要影响因素之一。为了研究对流换热系数与运动速度的定性和定量关系，我们固定人体与环境间的温差为 12℃，暖体假人的运动方向角为 0°，即选取工况编号为 ⅢA1、ⅢA2、ⅢA3、ⅢA4 和 ⅢA5（表 3-1）这 5 种工况开展实验，将实验获得的对流换热系数值与相应的运动速度用幂指数 $h_{con} = Av^B$ 进行拟合，并与风洞条件下的实验结果进行对比，分析真实的移动速度对对流换热系数的不同影响。

图 3-16、图 3-17 和图 3-18 分别展示了暖体假人 20 个身体部位的对流换热系数随运动速度的变化曲线，其中三角点-实线簇为本次实验获得的实验数据点及曲线，而方块点-虚线簇则是 de Dear 等在 1997 年开展的经典风洞实验[6]中得到的静止

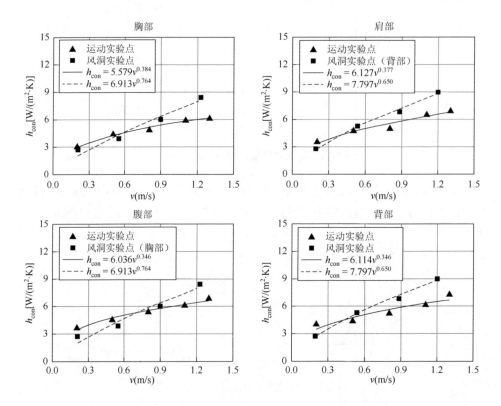

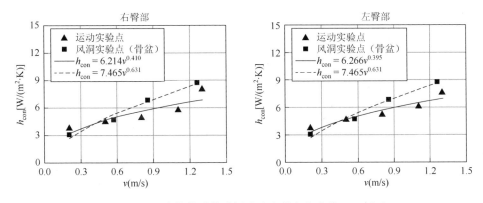

图 3-16　对流换热系数随运动速度的变化曲线——躯干

暖体假人体表对流换热系数随风洞风速的变化曲线。de Dear 等的实验中所使用的假人仅为 16 分区，因此在对比过程中，本实验中的脸部（face）和头部（head）均与文献中的头部进行对比；胸部（chest）和腹部（stomach）均与文献中的胸部进行对比；肩部（shoulders）和背部（back）均与文献中的背部进行对比；左右臀部（R hip 和 L hip）均与文献中的骨盆部位进行对比。

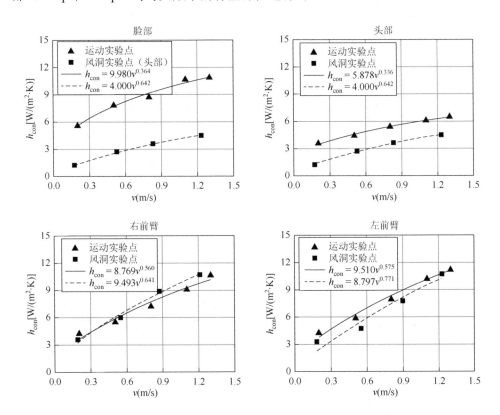

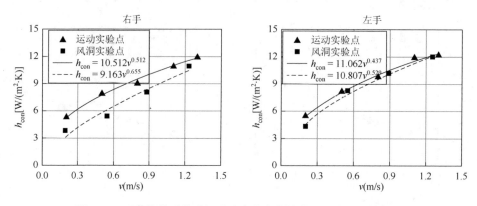

图 3-17 对流换热系数随运动速度的变化曲线——头、前臂及手

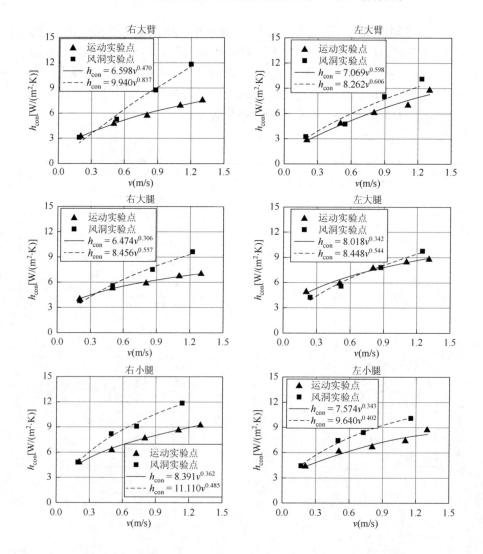

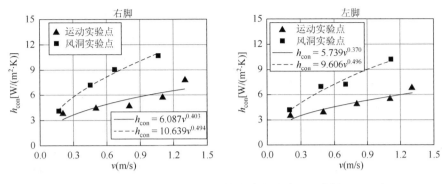

图 3-18 对流换热系数随运动速度的变化曲线——大臂、腿及脚

对比风洞实验和暖体假人运动实验的结果可以发现,对于躯干部分(图 3-16),当速度较小($v<0.6$ m/s)时,真实运动下的对流换热系数值大于风洞条件下的值;而当速度较大($v>0.6$ m/s)时,真实运动下的对流换热系数值小于风洞条件下的值。也就是说,暖体假人真实运动引起的对流换热效果较静止暖体假人在风洞中受相同大小的相对风速的影响更为平缓。假人腹部和背部较胸部和肩部相比,对流换热效果更加明显。腹部和背部的对流换热系数最小值约为 4.1 W/(m²·K),最大值约为 7.5 W/(m²·K);而胸部和肩部的最小值约为 3.0 W/(m²·K),最大值约为 6.2 W/(m²·K)。左右臀部的拟合曲线及定量关系式基本一致,最大、最小值分别约为 7.9 W/(m²·K)和 3.3 W/(m²·K)。但右臀部的数据点相对误差较大,拟合方差较左臀部大,这一点可能是由于连接暖体假人和仪器的数据线位于右臀部附近,从而对流场产生了一定的扰动。

对于头、前臂及手这类处于身体两侧的身体部位(图 3-17),真实运动条件下的对流换热效果较风洞条件下的换热效果普遍更加明显。其中处于迎风面的脸部(face)差异最大,在人体与环境间相同的相对速度条件下,真实运动实验的结果比风洞实验的结果增加了约 5 W/(m²·K);相比之下,头部(head)的差异较小,约为 1.5 W/(m²·K)。另外,右手(R hand)部位的这种差异也比较明显,当速度为 0.6 m/s 时,对流换热系数值相差约 2.0 W/(m²·K)。前臂(R/L forearm)及左手(L hand)的两组实验差异相对较小,相同速度下对流换热系数的差值一般小于 1 W/(m²·K),但真实运动实验中的换热效果明显高于风洞实验的结果。出现这种普遍现象的原因可能是两种实验条件下体表边界层的流场不同,在风洞实验条件下这些部位的边缘和外部的空气具有相同的风速,且已达到稳态;而在暖体假人真实运动的条件下,周边空气完全受暖体假人运动的带动,且是瞬态产生,未来得及达到稳态,因此这些部位的边缘和外部的空气之间有一定的相对速度。根据实验对比结果猜测,此边界层会对对流换热效果产生一定积极的影响。

对于非身体边缘的其余几个部位（图 3-18），在误差允许的范围内，真实运动条件下的对流换热系数值一般小于风洞条件下的值，即真实运动产生的对流换热效果低于风洞环境下的对流换热效果。特别是在右大臂（R upper arm）、右大腿（R thigh）、左右小腿（R/L calf）及脚（R/L foot）这 6 个部位中，当相对速度增大时，风洞条件下的对流换热系数值有明显增大的趋势，当速度达到 1.3 m/s 时，两种实验环境下的对流换热系数差值最大将达到 5.7 W/(m²·K)。这说明针对处于非身体边缘的四肢部位，环境风对静止暖体假人四肢的影响较暖体假人自身运动产生的对流换热的影响更大一些。另外还发现，在相等的相对风速作用下，脚部的对流换热系数差别最大，这可能是由于在风洞实验中脚部始终处于悬空状态，有利于增强其换热效果；而真实运动实验中脚部下方的物体在一定程度上影响了流场，从而对对流换热系数产生了较大的影响。

从以上结果分析中可以看到，无论是风洞实验还是本研究中的暖体假人运动实验，都说明了体表对流换热系数将随人体与环境间相对风速的增大而增大，且呈幂指数关系。另外，手、脚及四肢各部位的对流换热系数高于躯干部位的对流换热系数，对流换热效果更为突出；而在四肢中，小臂和小腿的对流换热系数值也分别较大臂和大腿的对流换热系数值更大。这一身体末端对流换热系数更高的现象可能是由于这些位置是强迫对流开始发展的前缘。

在本次暖体假人运动实验的拟合结果中，20 个身体部位的线性度 R^2 基本在 0.95 以上，背部和脚部这类受到固定立杆或小车等物体干扰的身体部位，线性度 R^2 也均在 0.8 以上。对于 20 个身体部位的幂指数拟合结果，拟合系数 A 的范围为 5.739～11.062，拟合系数 B 的范围为 0.306～0.598。同理，拟合系数较高的部位一般出现在身体末端部位，特别是手、前臂和小腿。

3.4.3　运动方向角对对流换热系数的影响

运动方向角也是影响体表对流换热系数的重要因素之一。为了研究运动方向角对对流换热系数的影响效果，实验中固定人体与环境间的温差为 12℃，改变暖体假人的正面与轨道方向之间的 8 个方向角，每个方向角进行 5 组速度的测量，共完成了工况编号（表 3-1）为 ⅢA1～ⅢA5、ⅢB1～ⅢB5、ⅢC1～ⅢC5、ⅢD1～ⅢD5、ⅢE1～ⅢE5、ⅢF1～ⅢF5、ⅢG1～ⅢG5、ⅢH1～ⅢH5 共 40 种、120 组暖体假人运动实验。将实验获得的对流换热系数结果以极坐标的形式表示出来，如图 3-19、图 3-20 和图 3-21 所示。

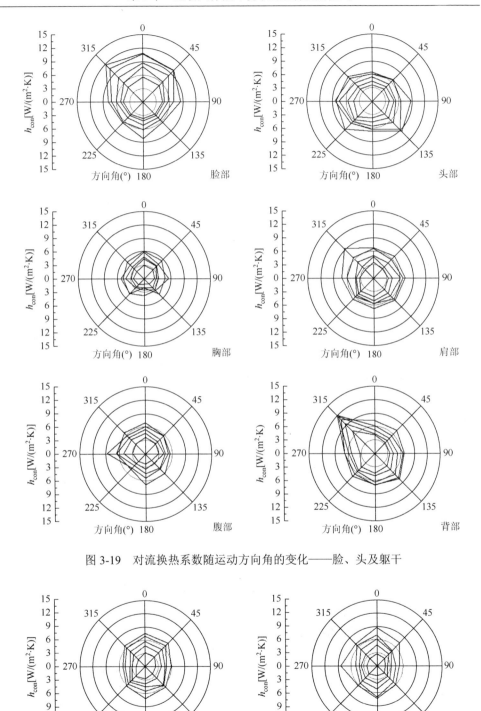

图 3-19　对流换热系数随运动方向角的变化——脸、头及躯干

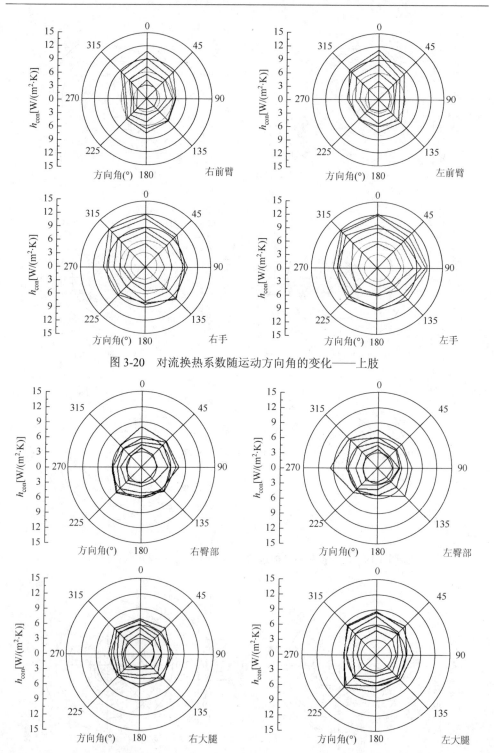

图 3-20　对流换热系数随运动方向角的变化——上肢

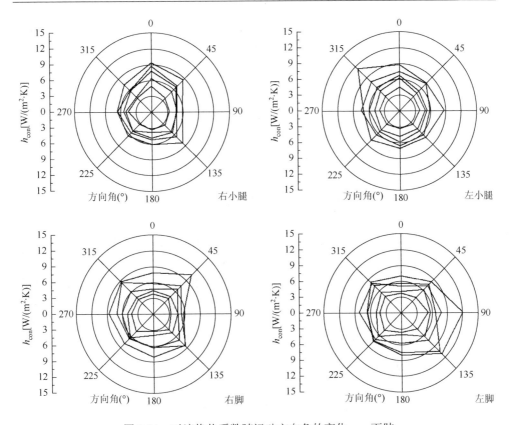

图 3-21　对流换热系数随运动方向角的变化——下肢

对于暖体假人的躯干部位，如图 3-19 所示，运动方向角对对流换热系数的影响较为明显，具体表现在迎风部位的对流换热效果较处于背风状态时的对流换热效果明显强烈。脸部、头部、胸部的对流换热系数最大值相比于最小值高出约 20%。以脸部为例，除了 0°之外，315°和 45°时相应的对流换热系数值也都比较大，即侧向运动也会对对流换热系数产生正向的作用。这种侧向运动的增强作用在腹部有特别明显的体现，腹部的对流换热系数最大值出现在 270°方向角上。另外，肩部和背部的对流换热系数最大值出现在当运动方向角处于 315°时，大约是其处于迎风状态时的 1.2 倍。这一现象可能是因为假人身后连接仪器的数据线对该部位有一定的遮挡作用，即使当背部处于迎风状态时，其对流换热损失也不会有显著的增加。

对于四肢部位（图 3-20 和图 3-21），运动方向角对对流换热系数的影响具有一定的规律，具体表现为迎风状态下该部位的对流换热损失较背风状态更加明显，身体的遮挡对于四肢部位的对流换热损失有着显著的减弱作用。对于手臂和腿部来说，当暖体假人的该部位处于迎风状态时，对流换热系数值较其处于背风状态时的值提高约10%。以图3-20中的右前臂和左前臂为例，当暖体假人的运动方向角为90°时，其右前臂处于迎风状态，左前臂被身体挡住处于背风状态；同理，当假人的运动方向角为270°时，其左前臂处于迎风状态，而右前臂处于背风状态。因此从结果来看，对于右前臂来说，90°方向角时的对流换热系数大于270°方向角时的对流换热系数，对于左前臂，结论相反。由此可见，身体遮挡对于前臂的对流换热损失起到减弱作用，其他部位也有相同的结论。但需要注意的是，对于这些四肢部位来说，对流换热系数的最大值并不出现在前面提到的侧向迎风运动状态下，而一般出现在0°方向角上，这可能是由于当以0°方向角运动时，各部位整体受风面积更大，更有利于对流换热的进行。另外，以上结论对脚部并不完全适用，例如，右脚的对流换热系数最大值出现在45°方向角，而左脚的对流换热系数最大值出现在135°。出现此类不规律现象的原因前面已经提到，即脚部下方小车等物体可能对其附近流场和热量传递产生不容忽视的影响。

另外，从图3-19～图3-21还可以发现，图3-20和图3-21中四肢曲线族的面积一般大于图3-19中躯干部位的曲线族面积，说明手、脚及四肢部位的对流换热系数高于躯干部位的对流换热系数；同时，在四肢中，前臂和小腿的对流换热系数值也分别较大臂和大腿更大一些。这些现象也间接证明了3.4.2节中的结论，即身体末端部位的对流换热效果更为明显。

3.4.4　人体与环境间温差对对流换热系数的影响

人体与环境间的温差也是影响体表对流换热系数的重要因素之一。为了研究温差对对流换热系数的影响效果，实验中固定暖体假人的运动方向角为0°，改变暖体假人与环境间的温差，每个温差进行5组速度的测量，共完成了工况编号（表3-1）为 I A1～I A5、II A1～II A5、IIIA1～IIIA5、IVA1～IVA5 共20种、60组假人运动实验。将实验获得的对流换热系数以折线图的形式表示出来，如图3-22、图3-23和图3-24所示。

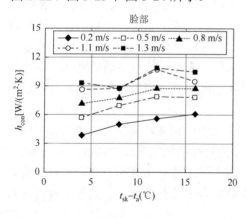
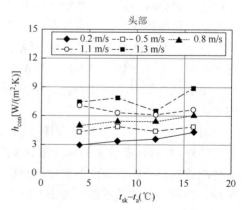

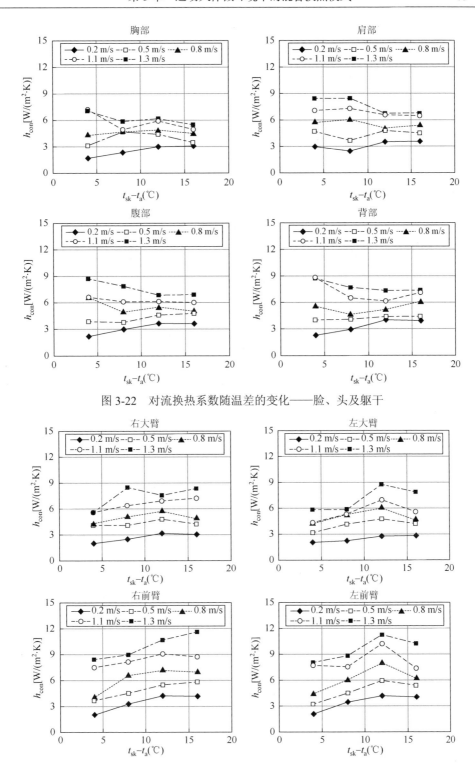

图 3-22 对流换热系数随温差的变化——脸、头及躯干

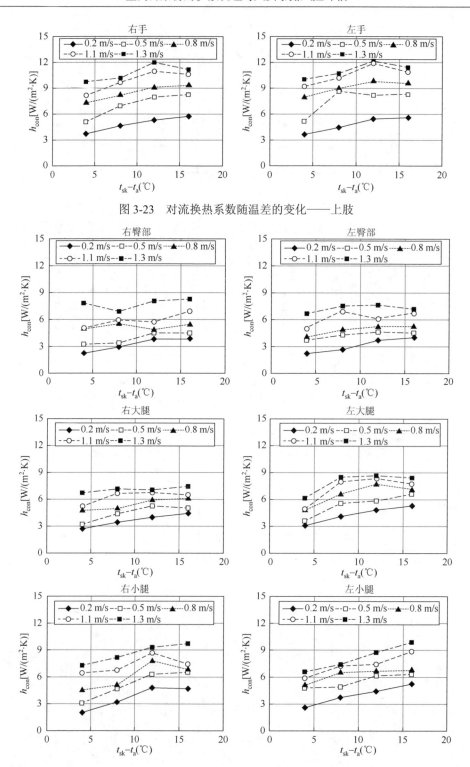

图 3-23　对流换热系数随温差的变化——上肢

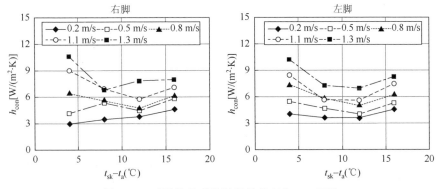

图 3-24　对流换热系数随温差的变化——下肢

对于躯干部位，如图 3-22 所示，温差对对流换热系数的影响受运动速度条件的耦合作用影响。具体表现为，当运动速度相对较小时，对流换热系数随人体与环境间温差的增大而增大；速度较大时，对流换热系数则随温差的增大而减小。以腹部（stomach）为例，当运动速度为 0.2 m/s 时，其对流换热系数随温差的增大逐渐从 2.6 W/(m²·K)增加到 3.7 W/(m²·K)，当运动速度为 1.3 m/s 时，其对流换热系数随温差的增大逐渐从 8.8 W/(m²·K)减小到 6.7 W/(m²·K)。当运动速度为 0.5 m/s、0.8 m/s 和 1.1 m/s 时，对流换热系数随温差的变化不是特别明显，但总体上看，0.5 m/s 时处于上升趋势，0.8 m/s 及 1.1 m/s 时处于下降趋势。与腹部相似，胸部及背部均有着相似的结论。但对于脸部及头部来说，当运动速度较小时，其对流换热系数随温差的增大而增大，而当运动速度较大时，对流换热系数基本呈现无明显规律的波动状态，可能需要更加精细的实验工况获得大量的数据。以脸部为例，当运动速度为 0.2 m/s、0.5 m/s 及 0.8 m/s 时，曲线呈明显上升趋势，而当运动速度为 1.1 m/s 和 1.3 m/s 时，曲线呈先下降再上升后下降的波动状态。头部也有相似的结论。

对于四肢部位（图 3-23 和图 3-24），人体与环境间的温差对对流换热系数的影响规律基本不受速度的耦合影响。具体表现为，对流换热系数随温差的增大而增大，即温差越大，人体与环境间的对流换热效果越明显；对于个别部位，当运动速度较大时，对流换热系数可能会随温差的增大呈现波动状态。以左小腿为例，对流换热系数随着温差的增大不断增大，最大值出现在 1.3 m/s、16℃工况下。而对于左前臂，当运动速度为 0.2 m/s 时，对流换热系数随温差的增大而增大，而当运动速度为 0.5 m/s、0.8 m/s、1.1 m/s 及 1.3 m/s 时，对流换热系数随温差的增大呈现先增大后减小的趋势。

在上肢各部位中，对流换热系数的最大值一般出现在运动速度最高、人体与环境间温差为 12℃ 的条件下，该值最大的部位是手部，右手和左手分别为 12.1 W/(m²·K)和 12 W/(m²·K)。在下肢各部位中，对流换热系数的最大值一般出现在运动速度最高、人体与环境间温差为 16℃的条件下，该值最大的部位是小腿，右小腿和左小腿分别为 10.2 W/(m²·K) 和 10 W/(m²·K)。另外，脚部的规律与四肢有所不同。当温差较小时，对流换热系数随温差的增大而减小；温差较大时，对流换热系数值随温差的增大而增大。这可能是由于暖体假人在实验中与小车位置相近，对附近流场和热量传递产生较大影响。

从图 3-22～图 3-24 中还可以发现，运动速度对对流换热系数的影响大于人体与环境间温差因素的影响。一般来说，当运动速度从 0.2 m/s 增大到 1.3 m/s 时，对流换热系数的值增加近 5 W/(m²·K)；而当温差从 4℃增大到 16℃时，对流换热系数的最大增量为 3 W/(m²·K)，出现在脸部。

在进行温差实验的过程中，为了验证其对对流换热系数的影响效果是否受到运动方向角因素的耦合影响，还分别开展了不同运动方向角下的温差实验，即完成了表 3-1 中实验工况为 ⅡA1～ⅡA5、ⅡC1～ⅡC5、ⅡE1～ⅡE5、ⅢA1～ⅢA5、ⅢC1～ⅢC5、ⅢE1～ⅢE5、ⅣA1～ⅣA5、ⅣC1～ⅣC5、ⅣE1～ⅣE5 共 45 种、135 组实验。

这一部分的验证思路为，固定运动速度变量，以运动方向角作为横坐标，分别取 0°、90°和 180° 3 个方向角下温差为 8℃、12℃及 16℃的对流换热系数值作为纵坐标绘出柱状图。若柱高的趋势变化与角度无关或无规律性的变化，则说明温差对对流换热系数的影响效果不受到运动方向角因素的耦合影响；反之，若柱高的变化趋势随着运动方向角有规律性的变化，则说明运动方向角产生了一定的耦合影响作用。

5 个速度下的柱状对比图见附录 A 中附图 A-1～附图 A-15。

以附图 A-1 为例。在 0.2 m/s 的运动速度下，脸部的对流换热系数在温差为 8℃时随运动方向角的变化逐个降低，在 12℃时也有该趋势，而在 16℃时出现了先下降后上升的趋势。而参照其他部位的图像，柱高的变化趋势并不呈现与之相似的规律性变化，例如，头部和肩部的不同趋势出现在 16℃时，而腹部的不同趋势却出现在 12℃时。另外，不同运动速度下的同一部位也未呈现出相同的规律。例如，背部在 0.8 m/s 条件下，不同的柱高变化趋势出现在 8℃（附图 A-7），而在 1.3 m/s 时，不同的趋势出现在 12℃（附图 A-13）。因此我们可以认为，人体与环境间温差对对流换热系数的影响效果虽然会对运动方向角的作用效果产生影响，但该影响并未呈现规律性的关系。这也进一步说明，前面研究运动方向角对对流换热系数的影响可以按照 12℃温差的实验结果进行分析。

3.5　本　章　小　结

本章的研究基于构建全尺寸暖体假人室内运动实验场景，测量并计算获得了不同运动速度、运动方向角及人体与环境间温差条件下，人体各部位的体表对流换热系数值，利用数值计算方法解决了实验中由真实运动引起的非稳态传导热问题。根据实验测量结果，建立了基于人员运动速度的对流换热系数数学表达式，并与前人的风洞实验结果进行对比分析。实验结果还用于分析运动速度、运动方向角及人体与环境间温差对对流换热系数的影响效果，得出的结论如下。

（1）体表对流换热系数随运动速度的增大而增大，且呈现幂指数关系。在运动过程中，身体末端部位的对流换热损失较躯干及其他部位更为明显。

（2）真实的运动实验与传统的风洞实验结果有所不同，具体表现为：对于身体末端各部位，真实运动条件下的对流换热强度较风洞条件下的换热强度普遍更加明显；而对于非末端身体部位，真实运动所引起的对流换热效果较风洞中相对风速的影响则更为平缓。

（3）对于身体各部位而言，迎风运动时的对流换热效果较该部位背风运动时的效果明显更加强烈，身体的遮挡行为对该部位（特别是四肢部位）的对流换热损失有着显著的减弱作用。

（4）人体与环境间温差对对流换热效果的影响受运动速度因素的耦合作用影响，一般表现为对流换热效果随温差的增大而增大，但当运动速度较大时，该影响可能产生一定的波动。

另外，本实验测得的各工况条件下的对流换热系数值详见附录 B 的表格，供本书读者查阅和应用。

参 考 文 献

[1]　张学学. 热工基础. 北京：高等教育出版社，2006.

[2]　Incropera F P，Dewitt D P. Fundamentals of Heat and Mass Transfer. New York：John Wiley & Sons，2002：567-568.

[3]　韩雪峰. 高温环境中人体热反应机理的实验与数值模拟研究. 北京：清华大学，2012.

[4]　Oliveira A V M，Gaspar A R，Francisco S C，et al. Convective heat transfer from a nude body under calm conditions：assessment of the effects of walking with a thermal manikin. International Journal of Biometeorology，2012，56：319-332.

[5]　Anderson J D. 计算流体力学基础及其应用. 吴颂平，刘兆森，译. 北京：机械工业出版社，2007.

[6]　de Dear R J，Arens E，Hui Z，et al. Convective and radiative heat transfer coefficient for individual human body segments. International Journal of Biometeorology，1997，40（3）：141-156.

第4章 运动人体微环境中的气流运动特征

4.1 概 述

人员移动行为将显著影响室内流场的气流运动规律,改变流场和涡量场分布,使室内流场处于不稳定状态,进而影响污染气体及颗粒物在室内空气中的扩散与输运过程。因此,对室内流场及污染物扩散规律的研究不应该局限于室内人员处于静止时的稳态环境,应该充分考虑人员移动等行为对于周围流场的影响效应。另外,在设计活动人体时,采用细致的人体形态模型与以往粗略的人体高度圆柱体模型相比,虽然不会改变室内流场的整体环境,但在局部关注的范围内,两者的流场仍会存在明显的差别。因此,在研究人员移动行为对室内流场的影响时,还需要关注细致人体几何结构附近的流场特征。本章将首先通过精细实验测量的方法,获得运动人体周围及尾迹的流场分布情况,研究人员移动行为对其周围空气流场的影响。实验采用数字式粒子图像测速(digital particle image velocimetry,DPIV)设备,构建了适用于动态实验条件的红外线同步测量装置,精确测量了人体移动过程中其周围横向及纵向流场的特征及变化规律;实验分析了不同运动速度对流场速度场分布、涡团演变及尾迹特征的影响,并通过对比圆柱体和具有真实人体形态的假人三维扫描体的流场特征,分析了人体外形结构对于流场的影响。实验结果对于污染物传播评估、通风系统的设计等方面有重要意义,同时,通过精细实验测量获得的数据还可以为数值模拟方法提供验证。

在实际生产应用中,实验所耗成本较大,设计较为复杂,对于仪器和精度的要求较高,开展范围受限。因此,近半个世纪以来,CFD 被广泛应用在室内环境领域,用于研究传热传质过程、流场特性及人体热舒适评价。这种数值计算基于流体力学控制方程,通过节点计算的方法,利用计算机高效的运算速度,求解出流场的详细信息。在以往的研究中,常用的三种模拟湍流过程的方法分别为直接数值模拟(direct numerical simulation,DNS)、雷诺平均(Reynolds averaged Navier-Stokes equations,RANS)和大涡模拟(large eddy simulation,LES)方法。其中,直接数值模拟方法不用人为设定湍流模型,可通过直接求解非定常Navier-Stokes(N-S)方程组,获得包括小尺度结构在内的湍流瞬时运动量信息及随时间的动态演变,这种方法虽然具有非常高的计算精度,但对于计算机内存和计算时间要求极高,因此仅适用于研究雷诺数较小的湍流的基本物理机理。相比之下，雷诺平均方法与大涡模拟方法并不直接求解三维非定常 N-S 方程，而是从不同角度对 N-S 方程进行一定程度的近似，获得近似条件下的流场信息。由于近似角度的不同，这两种模拟方法各自存在着优缺点和适用性，需要根据具体关注的研究对象选取合适的模拟方法。因此，本研究将通过利用实验数据验证的方法，具体分析在人员运动的瞬态流场背景下雷诺平均和大涡模拟两种湍流模拟方法的适用性。

4.2　人体移动实验

4.2.1　实验装置及方法

1. 实验设计

实验环境为 1.45 m×0.4 m×0.4 m（长×宽×高）的小尺寸实验舱室，舱室的底部为铝合金材料，5 个表面为有机玻璃材质，具有较高的透光性，便于 DPIV 设备的激光照射和拍摄。图 4-1（a）展示了实验舱室的实景拍摄图。舱室底部中央有一条 1.3 m×0.2 m×0.05 m 的轨道，上面安装了一个带有电机的小车（0.24 m×0.21 m×0.09 m），通过调节电机的频率可以实现小车最低 0.1 m/s、最高 0.5 m/s 的移动速度。小车的加速时间约为 0.1 s，远小于小车的总移动时间，因此可以认为小车在移动期间处于匀速运动的状态。实验中所显示的物理场景可以近似为雷诺数约为 $5×10^3$ 的圆柱绕流，在该条件下尾迹气流一般已经出现了湍流涡街。实验所处环境为常温常压环境，实验过程中不考虑通风效应，未设置其他热源，保证了气流运动完全由物体的运动引起。

(a) 实验舱室实景拍摄图　　　　　　(b) 用于运动的椭圆柱体及假人模型实物图

图 4-1　实验舱室和椭圆柱体及假人模型

在本实验中，为了研究人体的四肢结构对于局部流场的影响，分别采用粗略近似的椭圆柱体和具有精细人体形态结构的假人模型开展运动实验，如图 4-1（b）所示。两者均由 3D 打印生成，材质为混石膏树脂材料，具有较好的不透光性。椭圆柱高 0.2 m，长轴和短轴分别为 0.07 m 和 0.05 m；假人模型高 0.2 m，其身体结构按照暖体假人 Newton（由美国 Measurement Technology Northwest 生产）等比例缩小，展现了实际人体复杂的外形结构，包括五官、四肢、手等部位，整个实验场景可以等比例模拟高度 1.7 m 的人在长走廊（10 m×3 m×3 m）的行走。这里需要说明的是，实验中使用的椭圆柱体或假人模型自身并没有加热功能，因此其温度与实验环境温度接近。实际上，温差会导致人体周围产生浮升热卷流，其平均速度约为 0.1 m/s，人体上方的温度边界层厚度不超过 0.02 m。但由于本研究考虑的流场范围为整个实验舱室，在高度上远大于 0.02 m；同时，有研究证明，当物体移动速度超过 0.2 m/s时，运动引发的动力学尾迹将掩盖热卷流效应产生的气流速度。因此，本研究认为，忽略运动物体热效应的这一处理并没有对其原本的流场分布特征产生太大的影响。

2. DPIV 的使用及同步设计

DPIV 是一种近十几年来被广泛应用于诸多流体力学研究中的瞬态、多维且无接触式的流体测速方法[1]。这种技术的特点是所有测量装置均不介入流场，利用示踪粒子两次曝光重构的粒子三维图像的位置关系记录大量空间点的速度分布信息，进而获得丰富的流场空间结构与流体运动特征。图 4-2 为 DPIV 技术的原理示意图，可以看到，整个测量过程对流场不产生干扰。激光器产生的光束透过柱面镜经散射作用后形成光片并照射流场中的平面，经示踪粒子的反射和光学镜头对光线的聚焦后，利用成像阵列生成图像，再经过图像采集系统得出光强信号与空间坐标的函数映射关系，利用互相关算法确定粒子的相对位移。基于此，对前后两次曝光生成的粒子图像进行分析，可以通过式（4-1）获得示踪粒子在其所在平面的质点二维流速。

$$v_x = \frac{dx(t)}{dt} \approx \frac{x(t+\Delta t) - x(t)}{\Delta t} = \overline{v}_x$$
$$v_y = \frac{dy(t)}{dt} \approx \frac{y(t+\Delta t) - y(t)}{\Delta t} = \overline{v}_y$$
（4-1）

式中，v_x、v_y 分别为质点沿 x、y 方向的瞬时速度；$\overline{v}_x$、$\overline{v}_y$ 为质点沿 x、y 方向的平均速度；Δt 为两次曝光的时间间隔。当 Δt 足够小时，平均速度 $\overline{v}_x$、$\overline{v}_y$ 可以较精确地反映质点的瞬时速度 v_x、v_y。在实验过程中，曝光频率需要通过多次预实验进行最优选择，以保证能从两幅图像中分辨出同一粒子的相对位移，从而对复杂流场进行精确显示。

本实验使用的 DPIV 设备由德国 LaVision 公司生产，由一台能量为 120 mJ、频率为 15 Hz 的双脉冲激光器，两架 2000×2000 像素、12 级灰度的照相机，以

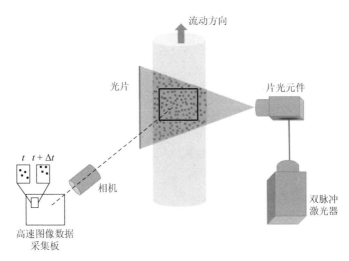

图 4-2　DPIV 测量方法的原理示意图

及其他配套设备组成，可以实现最大 200 mm×200 mm 的测量范围。其具体性能
参数如表 4-1 所示。

表 4-1　DPIV 设备的性能参数

组件	性能参数
激光器	品牌：New Wave，型号：Solo 120XT Nd：YAG，频率：15 Hz，波长：532 nm，单束脉冲能量 120 mJ
相机	品牌：LaVision Inc.，ImagerProX4M，像素：2000×2000 pixels，灰度：12 级
控制主机	品牌：LaVision Inc.，Intel 双核系统
光臂套装	品牌：LaVision Inc.，长度：1.8 m，直径：15 mm
示踪粒子	油雾粒子，直径：10 μm
软件	品牌：LaVision Inc.，32 位图像处理软件

在每次测量前，激光器和相机均需要精确校准以保证测量的准确性，因此在
假人运动过程中，无法实现激光器与相机的同步瞬态移动，需要固定测量区域及
相应激光器和镜头的位置。因此，为了测量空间内纵向及截面流场的演变情况，
实验分别选取运动路径中依次排列的三个纵向平面和两个横截面来观测纵向、截
面流场的变化，工况设计如图 4-3 所示。在分析人体运动对纵向流场变化的影响
时，选取中轴面上对应于横坐标 $x = 440\sim640$ mm，$x = 640\sim840$ mm 和 $x = 940\sim$
1140 mm 3 个平面（记为平面 1、平面 2 和平面 3）的流场进行对比。如图 4-3（a）
所示，固定激光器的位置，在人体后方的垂直中轴面形成片光，根据测量位置改
变镜头位置并进行校准。同理，在分析人体运动对截面流场变化的影响时，选取
对应于横坐标 $x = 700$ mm 和 $x = 1000$ mm 两个平面（记为平面 4 和平面 5）的流

场进行对比。如图 4-3（b）所示，固定镜头的位置，拍摄身体后方的横截面区域，并根据测量位置改变激光器生成片光的位置。

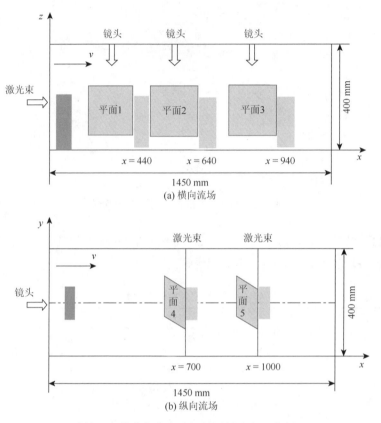

图 4-3　横向与纵向流场的测量方案示意图

拟测量的区域恰好为运动物体经过后其身后的区域，因此实现移动和相机触发的瞬间同步是本实验的关键步骤。本实验采用红外传感器检测人体的移动，同时利用单片机（STMicroelectronics，型号为 STM32F103ZET6）编程实现检测信号向相机触发信号的传递。图 4-4 为实验用红外传感器的布置及单片机实物图。在实验中，红外传感器需要首先被安装在相应待测区域的边界位置，当椭圆柱体或假人模型运动到恰好停止遮挡红外线传感器的瞬间，即传感器接收的信号呈现由高电位变为低电位的下降沿时，单片机将一个 TTL 5 V 的信号传输给 DPIV 的电脑控制软件，这一信号将会在触发激光器进行连续曝光的同时按下相机快门，最终实现对运动物体后方的实时拍摄。相机的频率为 10 Hz，在物体继续向前运动的剩余时间内，相机还会连续拍摄 10～15 张处于同一位置的流场图像，对这些同一位置流场图像的分析将揭示人体经过后尾迹的演变规律。

图 4-4　红外传感器及单片机

3. 实验操作步骤

1）DPIV 仪器的校准

首先，为了保证两次曝光图像的位置绝对相同，实验前需要校准激光器的两束片光源，通过调节片光焦距，使两束片光在同一位置上合并成一条最细的光线，以保证两次曝光图像的位置绝对相同。同时，为保证光线垂直，需放置标定板，调节片光使其与标定板的前表面平行。随后将相机的曝光模式设置为单帧单曝光，曝光时间为 1000 μs，相机的光圈为 1.8，将相机对准所要测量流场，调节相机焦距使得所测流场位置图像成像清晰。最后，为保证实验时的长度单位与软件中长度单位吻合，采用直尺标定的办法进行校准。将直尺放入所测流场中，调节相机镜头焦距，使得图像成像清晰，在软件进入标定界面时，点击拍照，选择尺子中的两点，输入两点间的距离，完成标定校准。

2）示踪粒子的选取

在对激光器和相机进行校准后，需要在实验舱室中注入一定量的示踪粒子。分布在流场中的示踪粒子较好地显示了气流的运动情况，但会影响最终结果的准确，因此需要基于其跟随性和反光性来选取合适的粒径和注入浓度。在示踪粒子粒径的选择上，粒径越小，跟随效应越好，但对激光的散光度就会降低，导致粒子在较大的流场区域内无法被识别。因此，理论上选取直径在几微米至几百微米范围间的示踪粒子来保证较好的跟随和反光成像性。本实验采用粒径为 10 μm 的油雾粒子，成像效果佳。在浓度的选择上，一定高的浓度可以保证足够多的流速矢量，从而得到更完整、精确的全流场信息；但过大的浓度可能导致粒子的重叠效应，在干涉光的作用下，容易产生激光散斑，从而降低图像分辨率，影响位移信息的提取与计算。理论上，每个计算域内有 5～10 个粒子可以保证较高的分辨率，为达到这一浓度，需要在测量前开展一系列的预实验以确定最清晰的图像结果所对应的示踪粒子浓度。

3）实验方案

为了研究不同人体运动速度对流场的影响，实验中设计椭圆柱体的运动速度为 0.2 m/s 和 0.5 m/s 两个工况，涵盖漫步和普通行走的速度范围，由于实验舱室长度有限，本研究未考虑快速行走的情况。

为了研究人体移动过程中身体形态对周围空气流场的影响，实验中分别设计椭圆柱体以 0.5 m/s 和 0.2 m/s 的速度运动，以及假人模型以 0.5 m/s 的速度运动的两个工况，对比分析四肢结构（特别是两腿的间隙、上肢与躯干的间隙等）对流场和尾迹产生的特殊作用。

对于以上描述的两类情况，均开展如图 4-3 所示的 5 组位置的测量，实验方案编号如表 4-2 所示。为了避免实验操作误差，对于每种工况均重复开展 1 组共 20 次测量。每组测量结束后，清理轨道和舱室外罩，并重新投放示踪油雾粒子。

表 4-2　实验方案编号列表

平面编号	运动圆柱体		运动假人模型
	0.5 m/s	0.2 m/s	0.5 m/s
平面 1	ⅠA1	ⅠB1	ⅡA1
平面 2	ⅠA2	ⅠB2	ⅡA2
平面 3	ⅠA3	ⅠB3	ⅡA3
平面 4	ⅠA4	ⅠB4	ⅡA4
平面 5	ⅠA5	ⅠB5	ⅡA5

注：两种运动物体分别为Ⅰ和Ⅱ，两种运动速度分别为 A 和 B，平面为 1～5。

另外，为了避免多次实验之间的相互影响，每次测量结束，物体被退回到起始位置之后，均需要等待足够长的时间再开始下一次运动和测量。测量前需满足实验舱室内风速仪的检测结果小于 0.1 m/s，以保证实验环境内空气流场的相对静止状态及多次实验的初始环境一致性。

4.2.2　人体运动速度对周围流场的影响

为了消除由示踪粒子沉降等原因导致的测量误差，本研究采用将 20 组重复测量得到的瞬时结果取平均的方法，以获得更加完整的相平均流场。以椭圆柱体 0.5 m/s 速度下平面 4（工况编号ⅠA4）的横向流场为例，图 4-5 分别显示了每组实验中第 1、10 和 20 次测量，以及将 20 次测量结果求取平均后的结果。可以发现，由于多次运动过程对示踪粒子的浓度分布产生了一定的影响，单次测量的结果均具有一定程度的不完整性，而 20 次测量的平均结果既提高了流场信息的完整性，同时也消除了流场中的不规则扰动带来的影响。故在下面的分析中，均采用 20 次测量的平均流场矢量图进行对比。

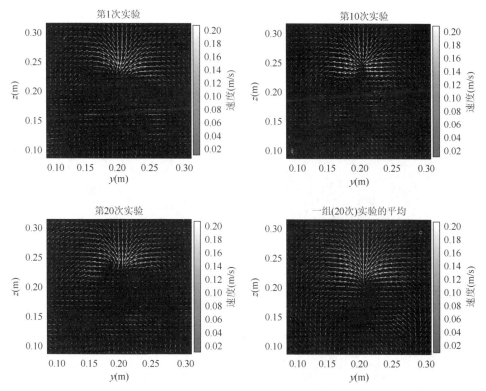

图 4-5　单次测量与 20 次测量平均结果的对比

在 0.5 m/s 运动速度条件下椭圆柱体运动到平面 4 时的流场

1. 尾迹在运动中的纵向演变规律

图 4-6 所示为当移动速度为 0.5 m/s 时，椭圆柱体分别经过平面 1、平面 2 和平面 3 时（工况编号ⅠA1～ⅠA3）相应身后流场的速度矢量图和涡量图，通过对比 3 个位置的流场分布特征，可以分析得出运动引起的周围流场的变化规律。可以看到，在椭圆柱体运动过程中，其身后流场被影响的范围逐渐扩大。运动起始阶段（平面 1），身体后面 $x = 0.38$ m 的位置形成一股向下的气流，进而形成一个涡团。椭圆柱体的运动使得涡团面积不断扩大并带动涡团向上运动，向下的气流保持在距离身体 0.1 m 的位置（平面 2 和平面 3）。由运动引起的这一系列流场扰动将导致身体后方不同高度间气流的垂直混合并进入运动轨道，特别是向上运动的涡团将携卷着底部的污染物质更加靠近人体的呼吸区域，增大传染病感染的风险。

图 4-7 所示为当移动速度为 0.2 m/s 时，椭圆柱体分别经过平面 1、平面 2 和平面 3 时（工况编号ⅠB1～ⅠB3）相应身后流场的速度矢量图和涡量图。与图 4-6 对比，当运动速度较小时，流场内气流速度减小为 0.5 m/s 运动速度时的一半，运动过程对流场的影响范围明显减小，运动只会对靠近身体的一部分气流产生扰动，

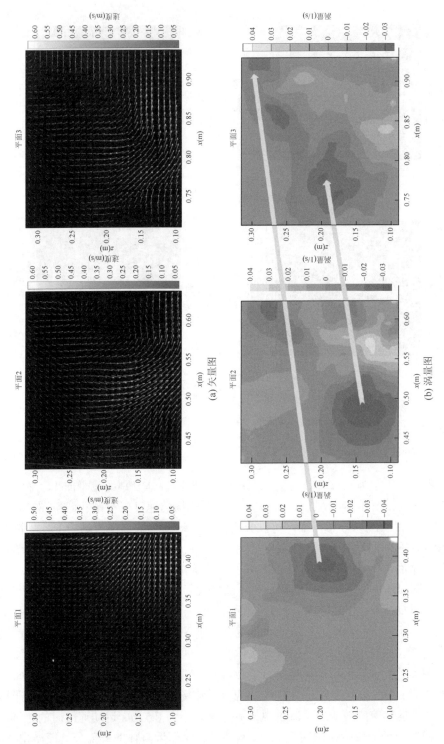

图 4-6 移动速度为 0.5 m/s 时，椭圆柱体分别经过平面 1、平面 2 和平面 3 时的流速矢量图和涡量图

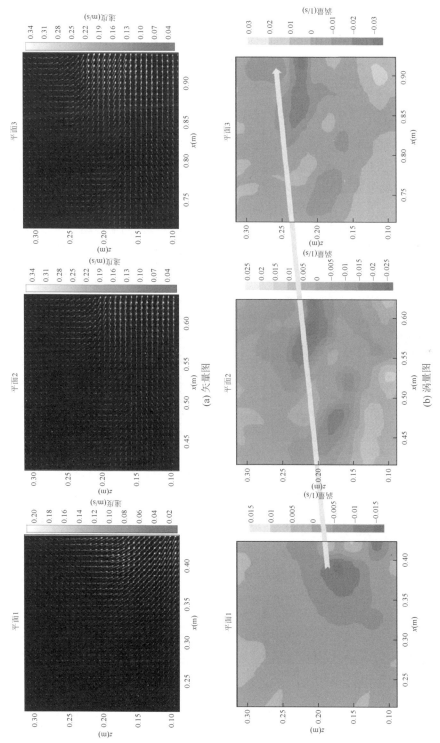

图 4-7 移动速度为 0.2 m/s 时，椭圆柱体分别经过平面 1、平面 2 和平面 3 时的流速矢量图和涡量图

在垂直高度方向上也没有形成明显的向下运动的气流。在运动过程中，仍然存在向上运动的涡团，但涡团影响面积较小，不会导致明显的垂直气流混合。因此，降低运动速度有助于减缓室内气流在垂直方向上的再循环，进而降低污染物质传播和室内人员受感染的可能性。

2. 尾迹在运动中的横向演变规律

图 4-8 所示为当移动速度为 0.5 m/s 时，椭圆柱体分别经过平面 4 和平面 5 时（工况编号 I A4～ I A5）身后横截面流场的速度矢量图和涡量图，通过对比这两个位置的流场分布特征，可以分析得出运动引起的尾迹截面流场的变化规律。运动起始阶段（平面 4），在椭圆柱体顶端的两个边缘附近（$z = 0.26$ m），气流由外向内下旋流动，并形成一对明显的对称涡团。随着柱体向前运动（至平面 5），气流沿中轴线向下运动，带动对称的涡团不断向下运动（至 $z = 0.18$ m 处），呈现左右

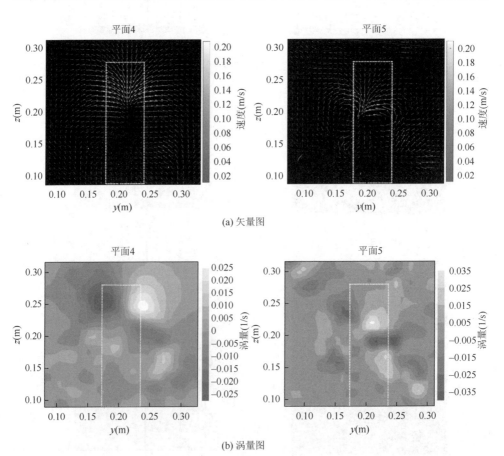

(a) 矢量图

(b) 涡量图

图 4-8　移动速度为 0.5 m/s 时，椭圆柱体分别经过平面 4 和平面 5 时的流速矢量图和涡量图

交替并不断向外扩大的趋势。由运动引起的这一系列流场扰动将导致身体周边的气流不断向中间汇聚，并沿着运动轨道向前运动，特别是向内卷动的下旋气流容易将原本非运动轨迹上的污染物质带到人体附近，增大感染风险。

图 4-9 所示为当移动速度为 0.2 m/s 时，椭圆柱体分别经过平面 4 和平面 5 时（工况编号ⅠB4～ⅠB5）身后横截面流场的速度矢量图和涡量图。可以看到，柱体的运动同样会导致两侧气流向内流动并形成对称涡团，柱体后面中轴线上呈现明显向下的气流，带动涡团向下运动至底部，涡团在向下移动的过程中面积不断扩大，扰动范围增大。与图 4-8 对比，当运动速度较小时，涡团气流速度和影响范围较 0.5 m/s 工况下变化不大，但对称涡团的起始形成位置明显降低，大约位于运动柱体高度的 2/3 处（$z = 0.2$ m）。因此，降低运动速度可以适当降低高处气流与下方空气的混合，进而限制高处污染物质向下的扩散作用。

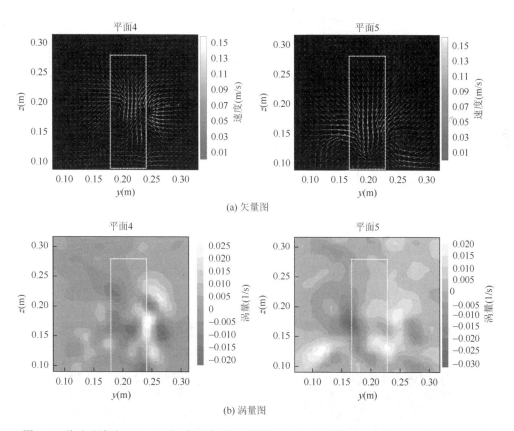

图 4-9　移动速度为 0.2 m/s 时，椭圆柱体分别经过平面 4 和平面 5 时的流速矢量图和涡量图

总的来说，柱体的运动将会导致后方垂直方向气流的混合循环，也将导致柱体两侧的气流向中间汇聚并跟随运动轨迹。这些流场变化特征将进一步加速污染

物质在空间内的扩散，特别是一些原本远离运动轨迹的污染物质也可能由于人体的运动过程而进入人体的呼吸区域。降低行走速度可以在一定程度上减缓垂直方向上气流的循环，从而降低室内人员受感染的风险。

4.2.3　人体几何形态对周围流场的影响

1. 尾迹在运动中的纵向演变规律

图 4-10 所示为当移动速度为 0.5 m/s 时，椭圆柱体和假人模型分别经过平面 1、平面 2 和平面 3 时（工况编号 ⅠA1～ⅠA3，ⅡA1～ⅡA3）相应身后流场的速度矢量图，通过对比两者的流场分布结构，可以分析得出人体几何形态对尾迹纵向流场变化产生的影响。前面提到，椭圆柱体在运动过程中，体后靠近底部的流场将形成一股向下运动的气流，并保持在距离身体约 0.1 m 远的位置。由此形成的涡团在柱体运动过程中不断向上移动靠近呼吸区域，实现垂直方向上较广范围的气流混合。对比发现，在假人模型的运动过程中，两腿之间存在的空隙对流场的影响较大。在运动起始阶段（至平面 1、平面 2），假人两腿之间形成具有明显强度的水平气流，并在水平气流后方出现与椭圆柱体后相似的流场特征，即均在底部出现向下运动的气流（$x = 0.52$ m）。当继续运动到平面 3 时，双腿之间的气流已经完全发展为水平的流动，且速度约为 0.5 m/s，与假人运动速度相近。同时，在上肢后面形成了向下流动的气流，气流在靠近假人背部时呈现水平运动的状态，速度大小约为 0.5 m/s，与假人胸部和腹部的气流速度相似。这一结论也验证了第 3 章表征混合对流换热的无量纲表达式。因此，当假人运动一段时间后，下方的流场将呈现稳定的沿水平方向的流动，垂直方向的气流混合只在上肢后方发生，在一定程度上减弱由运动引起的底部空气对上方空气的混合作用。

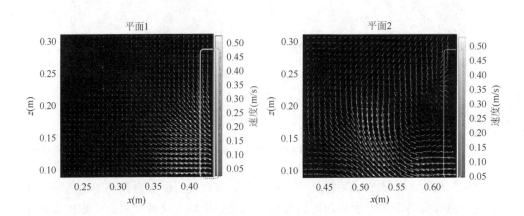

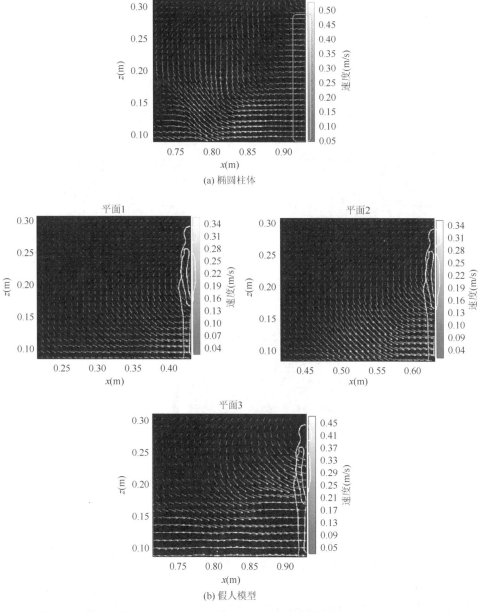

图 4-10　移动速度为 0.5 m/s 时，椭圆柱体和假人模型分别经过平面 1、平面 2 和
平面 3 时的流速矢量图

　　图 4-11 所示为当移动速度为 0.5 m/s 时，假人模型经过平面 1、平面 2 和平面 3 时（工况编号 ⅡA1～ⅡA3）相应身后流场的涡量图。可以看到，在运动起始阶段，涡团在身体下肢后方形成并扩大，这一流场结构与椭圆柱体的流场结构特征

相似。但由于受到两腿之间水平气流的影响，当假人运动一段时间之后，涡团逐渐上移至腰部后方，下肢周围不再有垂直方向的气流混合。

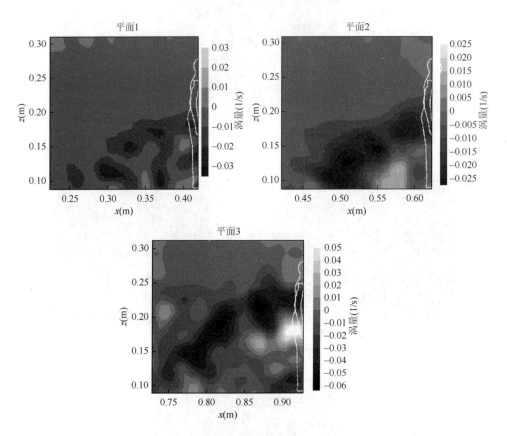

图 4-11　移动速度为 0.5 m/s 时，假人模型经过平面 1、平面 2 和平面 3 时的涡量图

取中垂面上对应于不同身体高度位置（$z = 0.26$ m，头部，90% 身体高度；$z = 0.2$ m，背部，65% 身体高度；$z = 0.16$，大腿，40% 身体高度；$z = 0.11$ m，小腿，15% 身体高度）的垂直速度大小进行定量分析，当假人模型移动速度为 0.5 m/s 时，对比其分别经过平面 1、平面 2 和平面 3 时不同运动阶段的速度变化结果。如图 4-12 所示，对比发现，运动过程中下肢身体后方首先形成一股向下流动的气流（大腿和小腿，平面 2），垂直速度达到 0.25 m/s。随着运动的进一步持续，下肢后方的气流完全发展为水平流动（小腿，平面 3），下旋气流上移至背部后方，背部后方的垂直速度增大至 0.15 m/s。

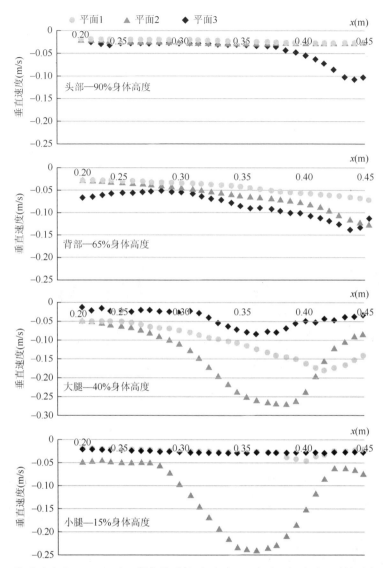

图 4-12 移动速度为 0.5 m/s 时，假人模型经过平面 1、平面 2 和平面 3 时的垂直速度对比

2. 尾迹在运动中的横向演变规律

图 4-13 所示为当移动速度为 0.5 m/s 时，椭圆柱体和假人模型分别经过平面 4 和平面 5 时（工况编号ⅠA4～ⅠA5，ⅡA4～ⅡA5）相应身后横截面流场的速度矢量图，通过对比两者的流场分布结构，可以分析得出人体几何形态对周围流场变化产生的影响。与椭圆柱体运动引起的流场特征相似，在假人的运动过程中尾迹也形成了两股对称的下旋涡团，气流由身体外侧向内侧中轴线汇聚，并随着假人的运动向下流动。但由于假人模型存在肢体与躯干之间的空隙，假人周

围的流场特征较椭圆柱体周围更为复杂，具体表现为上肢手臂周围形成环绕的气流，一定程度上缩小了对身体两侧流场的影响范围；同时，两腿中间产生向上的气流，与上面的对称涡团相遇并进一步阻碍其向底部的流动。上述现象也可以从涡量图的变化中被清晰地看到。图 4-14 显示了当移动速度为 0.5 m/s 时，假人模型分别经过平面 4 和平面 5 时（工况编号 ⅡA4～ⅡA5）相应身后横截面流场的涡量图。可以看到，涡团起初在上臂（$z = 0.23$ m）和大腿外侧（$z = 0.17$ m）周围，随着假人的进一步运动，涡团不断外扩并交替地向下移动至对应于 $z = 0.18$ m 和 $z = 0.12$ m 的位置。与前面对纵向流场的分析结论相似，两腿中间的空隙阻碍了环境上方气流对下方流场的混合作用，减弱了垂直方向上气体的循环作用。

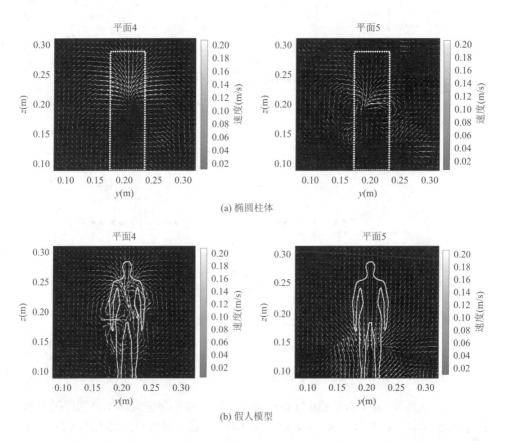

图 4-13　移动速度为 0.5 m/s 时，椭圆柱体和假人模型分别经过平面 4 和平面 5 时的流速矢量图

　　以上对于流场结构的分析结果与 Edge 等[2]及 Wang 和 Chow[3]的模拟结果相似，特别是在人体两腿之间形成的水平纵向流动，以及身体后方中轴线上明显的

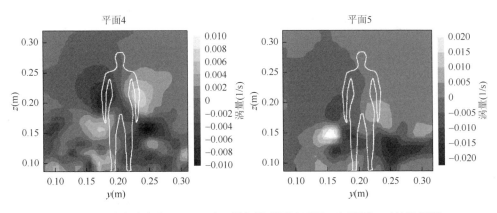

图 4-14　移动速度为 0.5 m/s 时，假人模型经过平面 4 和平面 5 时的涡量图

向下流动，在其研究中均被提到。另外，还有一些实验研究[4, 5]侧重于精细测量两个相邻圆柱体之间产生的流场扰动特征，进而可以近似应用到人体的腿部结构。这些研究中提到，当两个相邻圆柱间的距离为圆柱体直径的 20%～120% 时，两个圆柱产生的尾迹将相互影响发生混合，但不会完全混合，而是形成一组距离较近、交替运动的尾迹。本实验研究得到的流场分布特征与此类研究结论相符。

图 4-15 所示为假人模型分别经过平面 4 和平面 5 时对应于不同身体高度位置的垂直速度，所得结论与前面分析相符。对比发现，运动过程中身体后的涡团呈对称状态，并由背部交替下移至大腿部位，向下的气流速度达到 0.2 m/s。运动一段时间后，小腿之间明显形成了向上流动的气流，但速度较小，小于 0.1 m/s。

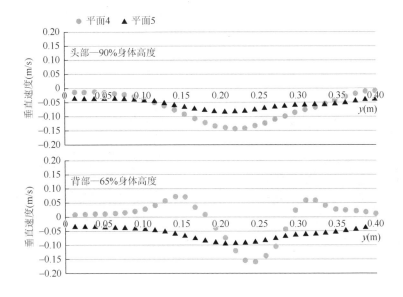

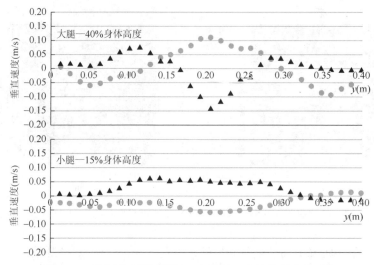

图 4-15 假人模型经过平面 4 和平面 5 时的垂直速度对比

需要说明的是，图 4-13（b）中脚部周围的流场存在一定不规则的气流扰动，影响了对实验结果的分析，这可能是由于实验中运动小车对脚部周围流场的影响。利用数值模拟的方法可以去掉小车并对比讨论小车的影响效果，这一部分的讨论将在第 5 章具体阐述。

4.2.4 尾迹在原地的动态演变规律

1. 纵截面上的演变规律

图 4-16 所示为当移动速度为 0.5 m/s 时，假人模型经过平面 3（工况编号 ⅡA3）后继续移动 0 s、0.5 s、1 s 及 1.5 s 时，该平面的流速矢量图，通过对比同一位置不同时刻的流场分布结构，可以分析得出人体运动过后尾迹在某位置的动态演变规律。可以发现，在假人经过之后，两腿之间的水平气流仍然会保持一段时间，

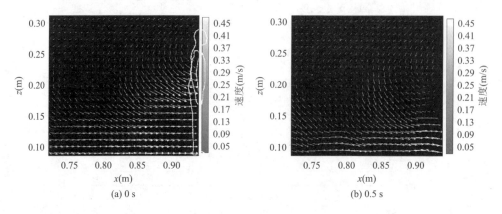

(a) 0 s   (b) 0.5 s

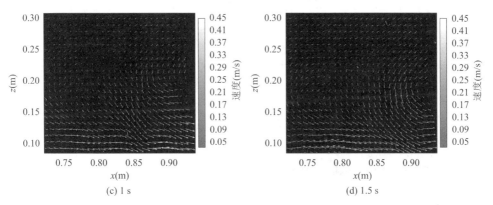

(c) 1 s　　　　　　　　　　　　　　　　(d) 1.5 s

图 4-16　移动速度为 0.5 m/s 时，假人模型通过平面 3 后继续移动 0 s、0.5 s、1 s 及 1.5 s 时，
该平面的流速矢量图

大小逐渐从 0.5 m/s 减小到 0.1 m/s。背部后面的下旋气流和涡团不断向下运动直
至底部，强度逐渐减弱直到流场恢复平静。

2. 横截面上的演变规律

图 4-17 所示为当移动速度为 0.5 m/s 时，假人模型经过平面 5（工况编号 ⅡA5）

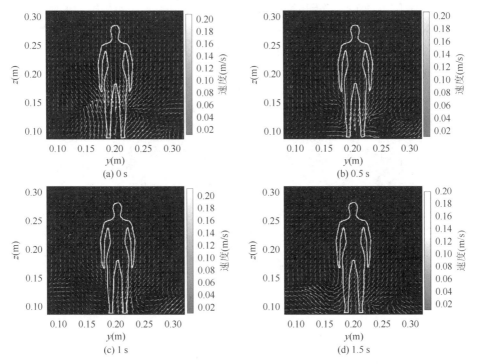

(a) 0 s　　　　　　　　　　　　　　　　(b) 0.5 s

(c) 1 s　　　　　　　　　　　　　　　　(d) 1.5 s

图 4-17　移动速度为 0.5 m/s 时，假人模型通过平面 5 后继续移动 0 s、0.5 s、1 s 及 1.5 s 时，
该平面的流速矢量图

后继续移动 0 s、0.5 s、1 s 及 1.5 s 时，该横截面上的流速矢量图。当假人继续向前运动后，两腿之间形成的向上气流迅速消失，上方的对称涡团在向下气流的作用下逐渐运动到底部并不断消散到两侧。可以看到，涡团的向下运动呈现左右交替的特征，与现有研究成果相符。

4.3　人员移动数值模拟研究

4.3.1　计算区域模型建立及网格划分

1. 计算区域模型建立

本研究采用 Gambit 软件建立数值模拟的计算区域，根据上一章搭建的人体移动实验装置及运动物体的几何形态构建计算区域的空间结构，主要包括运行轨道、小车及分别表征粗略近似和精细刻画的移动椭圆柱体和移动假人。整个计算区域的尺寸与实验相同，为 1.45 m×0.4 m×0.4 m（长×宽×高）；运行轨道尺寸为 1.3 m×0.2 m×0.05 m（长×宽×高），位于计算区域中部；小车尺寸为 0.24 m×0.21 m×0.09 m（长×宽×高），位于运行轨道的起始端，小车上分别载有椭圆柱体和假人。图 4-18（a）和 4-18（b）分别展示了载有椭圆柱体和假人这两种模型的细节部分。其中，椭圆柱体的尺寸为 0.2 m×0.07 m×0.05 m（高×长轴×短轴），而假人模型高 0.2 m，身体比例与前面所用的暖体假人 Newton 完全相同，为利用激光扫描技术得到的三维 CAD 模型。

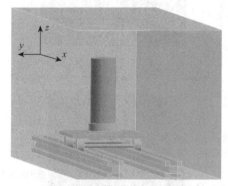
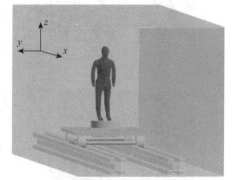

(a) 载有椭圆柱体的小车及轨道　　　　　　　(b) 载有假人模型的小车及轨道

图 4-18　载有椭圆柱体和假人模型的小车及轨道

2. 网格划分及质量检验

在数值模拟中，为了实现物体的运动，需要设置移动网格区域及更新方法。常用的三种计算网格动态变化过程的模型为弹簧近似光滑模型（spring-based smoothing meshing scheme)、动态分层模型（dynamic layering meshing scheme）和局部重划模型（local re-meshing scheme）。结合本研究中研究对象外形简单的特点，可以采用动态分层模型实现动网格的更新。此方法通过在运动边界上逐层增加或删减网格，并根据运动表面的具体属性确定更新网格的尺寸[3]，实现网格的快速生成，同时有效地降低网格尺寸变化给数值计算带来的不确定性[6]。采用动态分层模型时，运动边界处相邻的网格必须为六面体或楔形网格，在交界面之外的网格必须为单面网格。这些限制均需要在划分网格过程中特别注意。另外，为了有效地减少计算过程的耗时，可以通过将整个计算区域划分为动网格区域和静网格区域的方法，来减少动网格的数目[7]。图 4-19 为动、静网格结合方法的示意图。运动轨迹周围的区域均被定义为动网格区域，空间内其余部分被定义为静网格区域，计算过程中的数据将通过动、静网格区域间的交界面（interface）进行自由传递。本研究中，CFD 数值模拟采用 Fluent（V 12.0.0）软件完成，以上关于动网格的设置均在软件中完成。

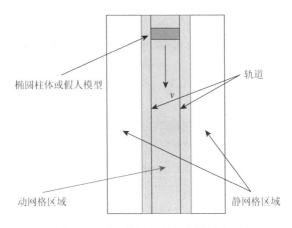

图 4-19　动、静网格结合方法示意图

根据前面对于动网格模型的描述，在整个计算区域内，将采用三种不同结构或尺寸的网格对其进行划分。图 4-20 以椭圆柱体情况为例展示了计算区域内网格划分的效果图。椭圆柱体和运动小车周围为运动区域，采用非结构化四面体网格，网格尺寸最大为 0.005 m，网格总数为 787173 个。靠近表面的细节部分加密处理，最小网格体积为 $3.34 \times 10^{-9}\,\mathrm{m}^3$。为了实现动网格的动态分层更新，运动区域前方和后方的区域采用结构化六面体网格，网格尺寸为 0.005 m，网格总数为 666400 个。空间内其余的静网格区域同样采用结构化六面体网格，该区域受运动扰动的影响相对较小，湍流特征相对较弱，因此为了减少网格数目进而提高计算精度，网格尺寸设定为 0.01 m，网格总数为 937319 个，整个计算区域的网格数约为 239 万个。

对于另外一种假人模型运动的情况，考虑到假人外形的复杂性，对其皮肤表面的网格进行加密处理，最小网格体积为 $2.64 \times 10^{-9}\,\mathrm{m}^3$，其他设置与椭圆柱体情况一致，整个计算区域的网格总数约为 270 万个。

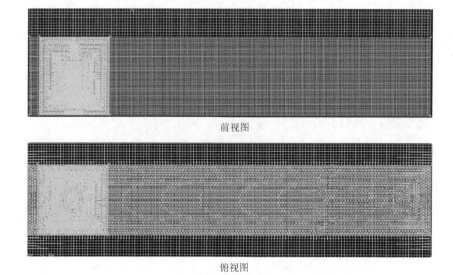

前视图

俯视图

图 4-20　计算区域内网格划分效果图（以椭圆柱体为例）

对于瞬态数值模拟，理论上网格节点布置得越密集、网格数目越大，得到的结果越精确，但相应的消耗的计算资源也越大。因此，为了取相对优化的网格数目，一般采用对网格数量进行独立性检验（mesh independence analysis）的方法来确定模拟结果与网格数目之间无关联性。选取 $y = 0.2\,\mathrm{m}$ 和 $z = 0.18\,\mathrm{m}$ 平面交界线上的气流速度作为验证物理量，再分别加密网格到 350 万～500 万个后运行一段时间，得到的验证结果如图 4-21 所示。可以看到，当网格由 250 万个加密到 350 万个

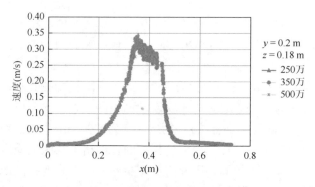

图 4-21　计算区域的网格独立性检验

和 500 万个后,该交界线上的速度分布基本相同,最大的速度误差不超过 3.6%。因此,可以认为上面描述的网格划分方法得到的网格数目对计算结果影响很小,达到了网格独立性。

4.3.2　湍流模型的选取

1. RANS 方法的介绍及设置

RANS 方法主要基于湍流统计理论,对非稳态的 N-S 方程进行系综平均,得到描述湍流时均量的雷诺方程（Reynolds equation）,如式（4-2）所示。

$$\frac{\partial \overline{u}_i}{\partial t} + \overline{u}_j \frac{\partial \overline{u}_i}{\partial x_j} = \overline{f}_i - \frac{1}{\rho} \frac{\partial \overline{p}}{\partial x_j} + v \frac{\partial^2 \overline{u}_i}{\partial x_j \partial x_j} - \frac{\partial \overline{u_i' u_j'}}{\partial x_j}$$

$$\frac{\partial \overline{u}_i}{\partial x_i} = 0$$

(4-2)

式中,附加应力为 $\tau_{ij} = -p\overline{u_i' u_j'}$,即雷诺应力。

为了使上述雷诺方程保持封闭,必须建立雷诺应力模型,即基于湍流理论、实验数据等对雷诺应力做出假设。工程上应用较多的是 Boussinesq 模仿分子黏性思路得到的涡黏性模式[5],雷诺应力可表示为

$$\overline{u_i u_j} = -v_T \left(U_{i,j} + U_{j,i} + \frac{2}{3} U_{k,k} \delta_{ij} \right) + \frac{2}{3} k \delta_{ij}$$

(4-3)

式中,v_T 为涡黏性系数,可用来计算 6 个雷诺应力。在常见的 k-ε、k-ω 和 k-τ 模式中,涡黏性系数分别可以写为

$$v_T = C_\mu k^2 / \varepsilon$$

$$v_T = C_\mu \frac{k}{\omega}$$

$$v_T = C_\mu k \tau$$

(4-4)

式中,k 为湍动能;ε 为耗散率;ω 为比耗散率;τ 为湍流量,$\tau = k / \varepsilon$。

可以发现,一旦得出准确的封闭雷诺应力模型,就能实现较为精准的湍流统计量求解,且对计算机要求较低。但同时,雷诺应力模型对于流场形状和边界条件具有较为严重的依赖性,需要根据不同的边界条件不断修正模型中的常数,因此 RANS 方法的普适性差、经验性强,特别是对于非定常流动等问题的求解很难获得理想的结果。

在本研究中,使用重整化群代数湍流模型（RNG k-ε 模型）求解移动人体周围的流场,雷诺应力常数 k 和 ε 通过式（4-5）计算:

$$I = 0.16Re^{-\frac{1}{8}}$$

$$k = \frac{3}{2}(uI)^2 \tag{4-5}$$

$$\varepsilon = \frac{c^{\frac{3}{4}}k^{\frac{3}{2}}}{l}$$

式中，Re 为雷诺数，在本研究中为 10^4 左右；I 为湍流强度；u 为运动速度；k 为湍动能，计算得到 k 为 $9.6×10^{-4}$；c 为常数，一般取 0.09；l 为特征长度；ε 为湍流耗散，计算得到 ε 为 $5.43×10^{-4}$。另外，在模型选项中，选择 Swirl Dominated Flow 选项和 Differential Viscosity Model 选项[8]。

2. LES 方法的介绍及设置

LES 方法则通过对 N-S 方程进行低通滤波，将流场中包含脉动的瞬时运动量分解成大尺度和小尺度运动。通过求解描述湍流大尺度涡运动的方程，如式（4-6）所示，获得大尺度运动的数值解；将其他小尺度涡对大尺度涡的影响体现在亚格子雷诺应力项中，并通过构建相应的模型来实现封闭和求解。

$$\frac{\partial \overline{u_i}}{\partial t} + \frac{\partial(\overline{u_i} \cdot \overline{u_j})}{\partial x_j} = \frac{1}{\rho}\frac{\partial P}{\partial x_i} + \gamma\frac{\partial(2\overline{S_{ij}})}{\partial x_j} - \frac{\partial \tau_{ij}}{\partial x_j} \tag{4-6}$$

式中，τ_{ij} 为小尺度涡对大尺度涡的影响。

标准的 Smagorinsky 模型是目前最为常用的一种亚格子模型，由 Smagorinsky 在 1963 年提出[9]，其亚格子涡黏的表达式可以写为

$$\tau_{ij} - \frac{1}{3}\delta_{ij}\tau_{kk} = -2\nu_T\overline{S_{ij}} \tag{4-7}$$

式中，ν_T 为亚格子涡黏系数，由 Smagorinsky 定义为式（4-8）的形式，在本研究的 Fluent 设定中设置为 0.1。

$$\nu_T = (C_s\varDelta)^2 |\overline{S}| \tag{4-8}$$

式中，C_s 为无量纲参数；$\varDelta$ 为过滤尺度，$|\overline{S}| = (2\overline{S_{ij}}\overline{S_{ij}})^{1/2}$ 为变形率张量。

可以看到，与 RANS 方法相比，LES 方法所用到的亚格子应力模型受流动类型和边界形状的影响较小，能够描述一定程度的小尺度湍流流动，对于瞬态流动有一定的优势，但对于计算能力的要求较高。

在选择动网格的时间步长时，根据式（4-9）：

$$\Delta t = \frac{(CFL) \cdot \Delta x}{u} \tag{4-9}$$

式中，CFL 为 Courant-Friedrichs-Lewy 常数（克朗数），一般取为 1 能获得较高的收敛性；u 和 Δx 分别为运动速度和网格尺寸，在本研究中分别为 0.5 m/s 和 0.001 m。最终计算得到本研究中的时间步长应设定为 0.002 s。

3. 其他设置

在 Fluent 的迭代计算中，选取压力隐式分裂算子（pressure-implicit with splitting of operators algorithm，PISO）对压力-速度耦合方程进行求解，采用二阶迎风（second order upwind）格式处理控制方程的扩散对流项。采用标准的近墙壁模型计算近墙壁区域的湍流效应。与实验环境相同，计算区域为绝热环境，且内无热源。分别设置人员运动速度为 0.2 m/s 和 0.5 m/s，总运动时长分别为 7s 和 3s，运动过程中环境的边界条件不变。

研究使用八节点计算集群进行数值计算，每个节点有 8 个处理器，均为英特尔 2.4 GHz 64 位处理器。运动椭圆柱体的工况计算时长约为 30 h，运动假人的工况计算时长约为 42 h。

4.3.3　数值模拟结果

1. 实验数据对两种湍流模型的验证

本章分别对椭圆柱体和假人模型进行数值模拟研究，旨在比较 LES 方法和 RANS 方法在模拟非稳态流场时的适用性。为避免对结果的重复描述，本节将重点围绕运动假人模型工况的对比结果展开。

图 4-22 为分别采用 DPIV 实验测量方法、LES 方法和 RANS 方法获得的运动假人尾迹流场的速度矢量图，分别为当假人运动到平面 1、平面 2 和平面 3 时的结果。通过逐一对比气流分布特征、速度大小及流动趋势等，可以发现，LES 方法能够较好地模拟出运动人体尾迹形成、发展及稳定的过程，与实验测量结果相符。特别是两腿中间空隙后方较强的水平流动，以及运动一段时间后人体背部后方的下旋冲击气流，均较好地体现在 LES 方法的模拟结果中。相比之下，RANS 方法获得结果没有模拟出气流演变过程中的细节结构，整个尾迹一直呈现出水平的纵向流动，掩盖了人体运动产生的湍流效应。这一结论与现有研究成果一致[10]，认为 RANS 方法对于圆柱扰流过程的精细模拟存在一定的难度，而大涡模拟更能捕捉到湍流细节。

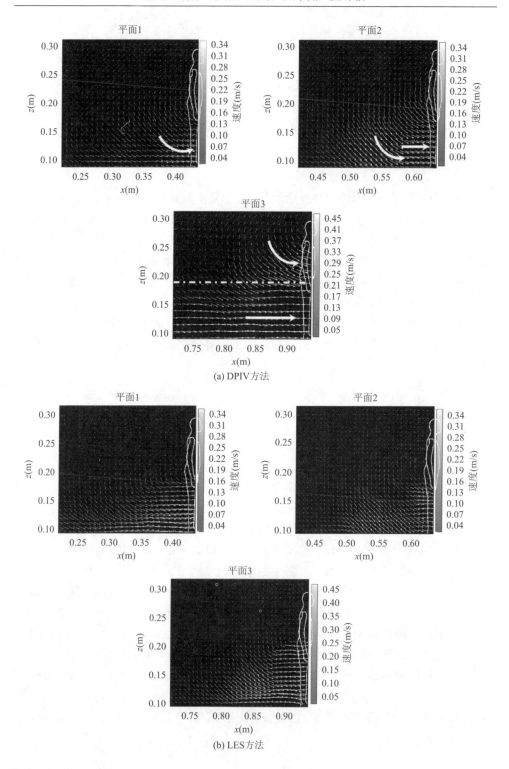

(a) DPIV方法

(b) LES方法

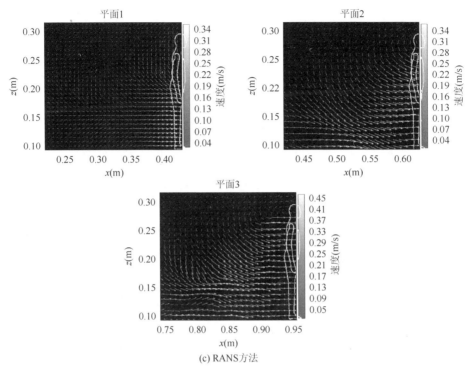

图 4-22　采用 DPIV 实验测量方法、LES 方法和 RANS 方法获得的运动假人
尾迹流场速度矢量图（平面 1、平面 2 和平面 3）

图 4-23 为分别采用 DPIV 实验测量方法、LES 方法获得的运动假人尾迹流场的速度矢量图，分别为当假人运动到平面Ⅳ和Ⅴ时的结果。通过对比气流分布特征、速度大小及流动趋势等可以发现，LES 方法能够较好地模拟出由运动导致的称涡团、随着运动的进行不断左右交替下降的涡团及向下移动的中心气流、两腿之间向上运动的气流等湍流细节。相比之下，RANS 方法没有模拟出气流演变过程中的细节结构。因此，可以认为大涡模拟方法在模拟人员移动条件下的非稳态流场特征方面具有一定的优势。

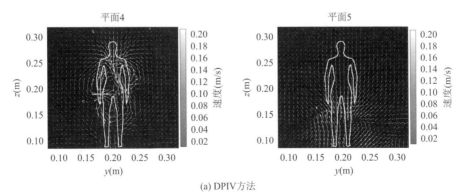

(a) DPIV方法

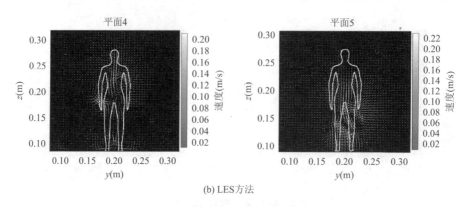

(b) LES方法

图 4-23　采用 DPIV 实验测量方法、LES 方法获得的运动假人
尾迹流场速度矢量图（平面 4 和平面 5）

2. 实验与模拟结果的定量比较

除了对数值模拟和 DPIV 实验测量结果进行流场特征的定性比较之外，本研究还选取对应于不同高度的身体部位附近流场进行了定量比较。当假人运动到平面 2 时，在假人运动的中轴面上（即 $y = 0.2$ m），分别取对应于假人头部（90% 身体高度）、背部（65% 身体高度）、大腿（40% 身体高度）、小腿（15% 身体高度）这 4 条水平线上的垂直速度（vertical velocity，m/s）和平均速度大小（RMS velocity magnitude，m/s），对比数值模拟的结果和 DPIV 实验测量的结果。x 轴方向上的对比范围即为 DPIV 设备在平面 2 上 x 轴的测量范围，为 0.40～0.65 m。图 4-24 为垂直速度和平均速度的对比结果图。可以看到，数值模拟得到的气流速度大小基本与实验测量结果保持一致，最大差距一般出现在靠近假人的流场区域，且最

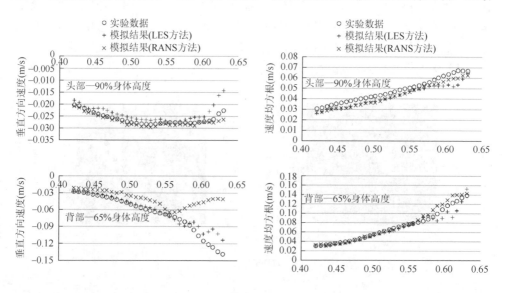

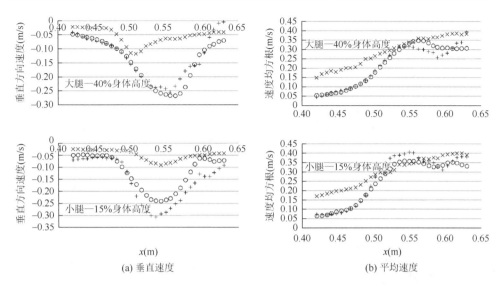

图 4-24　LES 数值模拟结果和 DPIV 实验测量结果对应于不同身体高度部位的
垂直速度对比和平均速度对比（平面 2）

大误差不超过 0.05 m/s。因此，采用 LES 数值模拟方法可以对人体运动条件下的
非稳态流场进行模拟和预测，并可以进一步应用到更广泛的工程应用中。

4.4　肢体摆动实验

4.4.1　实验装置及方法

1. 实验设计

　　肢体摆动实验的实验环境为 6 m×6 m×2.6 m 的实验舱室。实验中所使用的
假人为呼吸暖体假人 Newton。该假人的外壳由碳纤维环氧树脂制成，并具有良好的
导热性，能够模拟人的多种生理行为，包括发热、出汗、呼吸和行走等。该假人具
有精确的人体外形结构，如图 4-25 所示。假人的身高为 1.68 m，肩、臂最大宽度
为 0.58 m，胸部最大厚度为 0.29 m。对于假人的四肢，其手臂的长度（肩关节中
部到手指尖的距离）为 0.66 m，腿的长度（髋关节中部到脚底的距离）为 0.88 m。
　　本实验使用该假人的行走运动支架（manikin walking motion stand）模拟人行
走时的肢体摆动行为。当假人被安装在该支架上时，假人整个身体被悬挂在支架
上，其脚底距离地面的距离为 0.28 m，手腕和脚踝都被固定在运动支架的牵引装
置上。假人的肩关节和髋关节都可以灵活转动，运动支架通过牵引假人的四肢实现

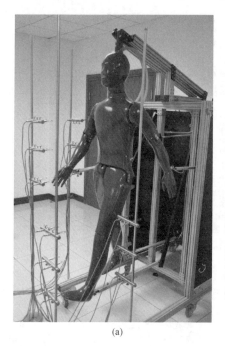

(a)　　　　　　　　　　　(b)　　　　　　　　　　　(c)

图 4-25　肢体摆动实验装置

假人肢体的摆动。在模拟行走行为时，假人肢体摆动的频率可以通过运动支架进行控制，控制精度为 1 双步/min（double step per minute，dspm）。假人肢体摆动过程中，手臂旋转摆动的角度为 60º，手部在水平方向的摆动距离为 0.66 m；腿部旋转摆动的角度为 50º，双脚在水平方向的摆动距离为 0.74 m。在实验中，假人和支架都被安置在实验舱室的中央。该实验舱室大小足够大，能够避免实验舱室周围的墙壁对气流运动的影响。当假人的肢体摆动时，假人的身体不会随着肢体的摆动而前后移动，假人支架在实验舱室中的位置也不会变化。实验中，坐标原点位于假人左侧的地面上。坐标轴方向满足右手定则。其中，x 轴方向沿假人的左侧指向右侧，y 轴方向从假人身前指向身后，z 轴方向从地面指向天花板。假人头顶的顶点（即与运动支架连接处）的坐标位置为 $x = 0.33$ m，$y = 0.06$ m，$z = 1.96$ m。

　　实验中，使用一维热线风速仪（日本 Kanomax，6242 系统，模板 1550、1504 及探头 0963-00 A200）测量假人肢体摆动引起的运动气流的速度，共有 24 个一维热线风速仪探测器被设置在假人肢体周围，如图 4-26 所示。为了测量手臂摆动和腿部摆动对空气流场的影响，在假人右臂和左腿周围分别设置了 12 个一维热线风速仪探测器。为了比较肢体周围不同区域流场的特征，所设置的探测器分别位于右臂和左腿的侧面和正面，其中探测器 1～6 位于右臂右侧，探测器 7～12 位于右臂前侧，探测器 13～18 位于左腿前侧，探测器 19～24 位于左腿左侧。为了评估假人肢体摆动过程中肢体不同部位对空气流场的影响程度，所设置的探测器的高度分别对应于右臂大臂中部、小臂中部和手腕，以及左腿大腿中部、小腿中部和脚踝。为了分析距离肢体的远近与气流速度的关系，设置在假人侧面的探测器距离肢体的距离也不同，探测器 2、4、6、19、21、23 比探测器 1、3、5、20、22、24 更靠近假人肢体。风速仪探测器的安装位置如表 4-3 所示。在安装风速仪探测器时，所有探测器距离假人肢体的距离都足以避免任何形式的接触，以免假人的四肢在摆动过程中触碰到风速仪探测器，影响实验结果。

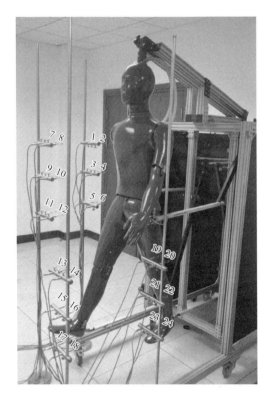

图 4-26 肢体摆动实验风速仪探测器设置示意图

表 4-3 肢体摆动实验风速仪探测器安装位置

编号	x（m）	y（m）	z（m）	对应位置
1	0.78	0.025	1.50	右臂大臂中部右侧
2	0.70	0.025	1.50	右臂大臂中部右侧
3	0.78	0.025	1.30	右臂小臂中部右侧
4	0.70	0.025	1.30	右臂小臂中部右侧

续表

编号	x（m）	y（m）	z（m）	对应位置
5	0.78	0.025	1.10	右臂手腕右侧
6	0.70	0.025	1.10	右臂手腕右侧
7	0.63	0.42	1.50	右臂大臂中部前侧
8	0.55	0.42	1.50	右臂大臂中部前侧
9	0.63	0.42	1.30	右臂小臂中部前侧
10	0.55	0.42	1.30	右臂小臂中部前侧
11	0.63	0.42	1.10	右臂手腕前侧
12	0.55	0.42	1.10	右臂手腕前侧
13	0.25	0.54	0.90	左腿大腿中部前侧
14	0.17	0.54	0.90	左腿大腿中部前侧
15	0.25	0.54	0.70	左腿小腿中部前侧
16	0.17	0.54	0.70	左腿小腿中部前侧
17	0.25	0.54	0.50	左腿脚踝前侧
18	0.17	0.54	0.50	左腿脚踝前侧
19	0.12	0.09	0.90	左腿大腿中部左侧
20	0.04	0.09	0.90	左腿大腿中部左侧
21	0.12	0.09	0.70	左腿小腿中部左侧
22	0.04	0.09	0.70	左腿小腿中部左侧
23	0.12	0.09	0.50	左腿脚踝左侧
24	0.04	0.09	0.50	左腿脚踝左侧

实验中使用的一维热线风速仪的测量范围为 0.1～4.9 m/s，速度分辨率为 0.01 m/s，采样频率为 10 Hz，其测量结果为标量形式的瞬时速度大小。为了对实验环境进行实时监测，实验中还使用了一个温湿度探测器（芬兰 Vaisala，HMP60）用于测量实验舱室内环境温度和空气相对湿度。在室温条件下，该温湿度探测器的温度和相对湿度测量精度分别为±0.6℃和±3%RH，响应时间为 1 s。在实验过程中，该实验舱室内没有使用任何通风装置，也没有其他的运动物体，只有假人的肢体摆动能够引起气流运动。

2. 实验方案

根据前面所述的实验设计设置实验方案。在肢体摆动实验中，为研究不同摆动频率对空气流场的影响，假人肢体摆动的频率分别设置为 20 dspm、30 dspm、40 dspm、50 dspm 和 60 dspm。其中，20 dspm 对应于缓慢的行走（如散步、漫步等），60 dspm 对应于快速行走，30 dspm、40 dspm 和 50 dspm 对应于不同速度的正常行走。肢体摆动实验的实验设计如表 4-4 所示。由于假人行走时的步长为 0.74 m，因此实验 1~5 中所设置的摆动频率为 20~60 dspm，与一般情况下人体移动速度（0.5~1.5 m/s）相一致。

表 4-4　肢体摆动实验的实验设计

实验编号	移动行为	摆动频率（dspm）
1	肢体摆动	20
2	肢体摆动	30
3	肢体摆动	40
4	肢体摆动	50
5	肢体摆动	60

在实验过程中，每个摆动频率都进行 3 次实验。3 次实验中，一维热线风速仪的探测方向分别设置为正对 x 轴、y 轴和 z 轴方向。在每次实验过程中，一维热线风速仪均严格按坐标轴对应方向安装，风速仪探测器的三个标准方向（沿热线方向 U、在热线风速仪探测器插脚探头平面内垂直于热线方向 V 和垂直于热线风速仪探测器插脚探头平面方向 W）均分别与 3 个坐标轴的方向重合，并满足右手定则。在每次实验过程中，每个方向的测量也分别重复 3 次。在对每个方向进行重复测量过程中，探测器的方向及其他设置均保持不变。一维热线风速仪探测器及其 3 个标准方向如图 4-27 所示。

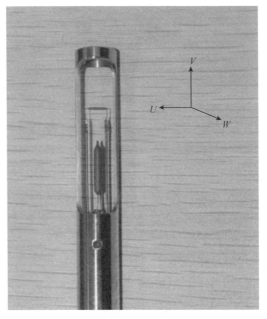

图 4-27　一维热线风速仪探测器及其标准方向

一维热线风速仪的测量结果为瞬时速度大小。在肢体摆动实验中，每次测量的持续时间均为 60 s。在实验中，每次测量完成后，都会停止假人的行走行为，使假人恢复到每次实验之前的初始位置和状态。待实验环境中的空气流场恢复到稳定状态，且所有探测器的显示值均为零后，再开始下一次测量。前一次实验所引起的运动气流不会对下一次实验产生干扰。为了避免热效应对空气流场的影响，在肢体摆动和身体移动实验中，假人均没有被通电加热，假人的皮肤也不会向外界环境释放热量，不会引起空气流场的变化。在本实验中，不考虑人体表面热羽流对空气流场的影响，认为只有假人的行走行为能够在实验区域内引起气流运动。在实验过程中，整个实验区域可以被认为是绝热环境，为了监测实验环境的变化，实验区域内的环境温度和空气相对湿度都得到了持续的测量和记录，用以检验实验环境的稳定性。

4.4.2　瞬时气流速度计算方法

在实验区域内，假人移动行为形成的流场为三维流场。在该三维流场中，一维热线风速仪测量得到的风速值并不是 3 个方向上的速度分量，而是 3 个速度分量的耦合，其测量值不仅取决于空间流场在该点的速度大小和方向，也取决于该探测器的 3 个标准方向所对应的方向。根据一维热线风速仪的测量原理，输出电压信号与空气流速的对流作用及热线的热传导效应有关，如式（4-10）所示[8, 10]：

$$E^2 = A + BV_E^n \tag{4-10}$$

式中，E 为风速仪输出的电压信号；V_E 为风速仪探测器的有效测量速度，m/s；A、B 和 n 为校准常数。

在三维流场中，气流速度会与风速仪探测器的 3 个标准方向存在一定夹角。因此，风速仪测量到的有效速度大小与气流速度的大小、方向及风速仪探测器 3 个标准方向的朝向有关。在三维流场中，一维热线风速仪的测量值（有效风速值）用式（4-11）表示[8, 10]：

$$V_E^2 = V_U^2 + k^2 V_V^2 + h^2 V_W^2 \tag{4-11}$$

式中，V_E 为一维热线风速仪的测量值，m/s；V_U、V_V 和 V_W 分别为风速仪探测器 3 个标准方向上的风速值，m/s；V 为在热线风速仪探测器插脚探头平面内垂直于热线方向；U 为沿热线方向；W 为垂直于热线风速仪探测器插脚探头平面方向；k、h 分别为对应方向的修正因子。

由于本实验中使用的一维热线风速仪探测器的有效探测方向为垂直于插脚探头平面，探测器的测量值 V_m 满足 $V_m^2 = V_M^2 = V_E^2 / h^2$。本节据此对式（4-11）进行修正，给出所使用的探测器的有效测量值与三维空气流场 3 个方向速度分量的关系，如式（4-12）所示：

$$V_m^2 = \frac{1}{h^2}(V_U^2 + k^2 V_V^2 + h^2 V_W^2) \tag{4-12}$$

式中，V_m 为本实验所使用的一维热线风速仪的测量值，m/s。

实验中，每次测量前都保证热线风速仪探测器严格按坐标轴方向安装，每次调整探测器朝向时，都严格保证 U、V、W 方向分别与 3 个坐标轴方向重合，并满足右手定则关系。根据该实验设置，本节给出一维热线风速仪在每个方向上的测量结果，如式（4-13）所示：

$$
\begin{aligned}
V_{m,x}^2(t) &= \frac{V_x^2(t) + k^2 V_y^2(t) + h^2 V_z^2(t)}{h^2} \\[2mm]
V_{m,y}^2(t) &= \frac{V_y^2(t) + k^2 V_z^2(t) + h^2 V_x^2(t)}{h^2} \\[2mm]
V_{m,z}^2(t) &= \frac{V_z^2(t) + k^2 V_x^2(t) + h^2 V_y^2(t)}{h^2}
\end{aligned}
\tag{4-13}
$$

式中，$V_{m,x}(t)$、$V_{m,y}(t)$ 和 $V_{m,z}(t)$ 分别为风速仪探测器朝向 x 轴、y 轴、z 轴方向时在 t 时刻的测量值，m/s；$V_x(t)$、$V_y(t)$ 和 $V_z(t)$ 分别为三维空气流场沿 x 轴、y 轴、z 轴方向速度分量在 t 时刻的速度值，m/s。

通过使用偏航校正，修正参数 k、h 的值分别取为 0.12 和 1.02[11]。因此，假设每次重复实验中，假人行走行为所引起的气流运动相同，根据式（4-13），本节给出每个测量点的实际瞬时风速值的计算方法，如式（4-14）所示：

$$
\begin{aligned}
V^2(t) &= [V_x^2(t) + V_y^2(t) + V_z^2(t)]^{0.5} \\[2mm]
&= \left\{ \left(\frac{h^2}{1+k^2+h^2}\right)[V_{m,x}^2(t) + V_{m,y}^2(t) + V_{m,z}^2(t)] \right\}^{0.5} \\[2mm]
&= 0.7116[V_{m,x}^2(t) + V_{m,y}^2(t) + V_{m,z}^2(t)]^{0.5}
\end{aligned}
\tag{4-14}
$$

本节利用式（4-14）对实验测量结果进行数据处理，计算空间流场在该点的风速值。

4.4.3　肢体摆动实验结果

在肢体摆动实验过程中，假人肢体的摆动并没有引起实验空间内温度分布和湿度分布的变化。实验舱室内空气温度的变化幅度为 ±0.2℃，空气相对湿度的变化幅度为 ±0.4%，均小于温湿度探测器的测量误差，即实验舱室中的环境温度和空气相对湿度具有良好的稳定性，其值基本不随时间变化。该稳定性的主要原因是每次实验测量开始前，整个实验舱室内的空气都已经处于稳定状态。

观察测量结果发现，每个方向上重复测量所获得的风速值有明显的相似性和可重复性，因此将 3 次重复测量的平均值作为该方向上的测量结果，得到 $V_{m,x}(t)$、$V_{m,y}(t)$ 和 $V_{m,z}(t)$ 的值。然后根据式（4-14），计算假人肢体摆动引起的气流在该点的速度。图 4-28 为根据实验 5 中获得的测量数据计算得到的空气流场瞬时速度，其中图 4-28（a）为右臂右侧（探测器 1～6），图 4-28（b）为右臂前侧（探测器 7～12），图 4-28（c）为左腿前侧（探测器 13～18），图 4-28（d）为左腿左侧（探测器 19～24）。图 4-28 显示的数据为 10 s 内的瞬时速度值，其起始时刻为实验开始后的 30 s。从图 4-28 中可以看出，假人手腕和脚踝周围有明显的周期性运动气流，特别是风速探测器 6 和 23 的所在位置。同时可以看出，假人肢体周围运动气流的周期性并不稳定，最大速度大小及重复周期均随时间变化。当假人肢体摆动时，肢体会推动摆动路径前方的空气沿摆动方向运动，并会吸附肢体后方的空气跟随摆动的肢体沿摆动方向运动。因此，肢体摆动引起的运动气流会跟随肢体向前运动，其运动周期会落后于摆动周期。此外，由于湍流作用的影响，气流的运动周期是不稳定的，并且距离假人越远的地方，气流运动越不明显。从图 4-28 还可以看出，手腕（探测器编号 6 和 12）和脚踝（探测器 18 和 23）周围的气流速度更大。这

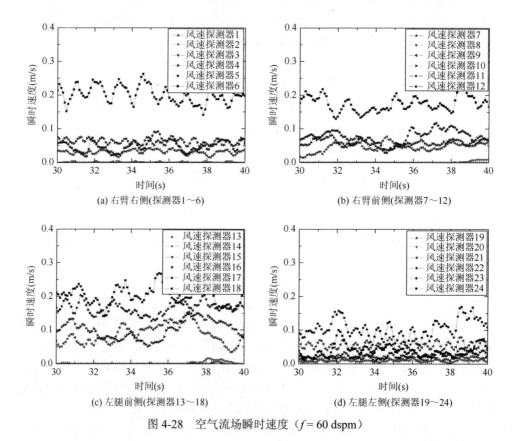

(a) 右臂右侧(探测器1～6)　　　　　　　　(b) 右臂前侧(探测器7～12)

(c) 左腿前侧(探测器13～18)　　　　　　　(d) 左腿左侧(探测器19～24)

图 4-28　空气流场瞬时速度（$f = 60$ dspm）

主要是由于手腕和脚踝处于假人四肢的末端，具有更长的摆动距离和更大的摆动幅度。对于靠近大臂（探测器 1、2、7 和 8）以及大腿（探测器 13、14、19 和 20）的区域，由于摆动幅度较小，其气流速度几乎为零。从实验 1～4 的测量结果中也可以观测到相似的气流运动特征和规律。

为了比较肢体摆动频率与气流速度变化幅度的关系，图 4-29 和图 4-30 显示了平均气流速度与肢体摆动频率的关系，分别对应于小臂和手腕及小腿和脚踝周围区域。由于肢体的摆动为周期性的往返运动，图 4-29 和图 4-30 使用 60 s 内气流速度的平均值进行比较。如图 4-29 和图 4-30 所示，平均气流速度随摆动频率的增加而增大。对于右臂周围相同位置区域，肢体摆动频率为 60 dspm 时的气流平均速度约为肢体摆动频率为 20 dspm 时的 9.5～17.3 倍；对于左腿周围相同位置区域，肢体摆动频率为 60 dspm 时的气流平均速度约为肢体摆动频率为 20 dspm 时的 6.7～68.6 倍。同时，当假人四肢摆动时，手腕和脚踝外侧的气流速度大于四肢其他部位周围区域的气流速度。对于相同的肢体摆动频率，手腕周围不同位置区域的气流平均速度约为小臂周围的 2.5～12.0 倍，脚踝周围不同位置区域的气流平均速度约为小腿周围的 0.3～6.1 倍。

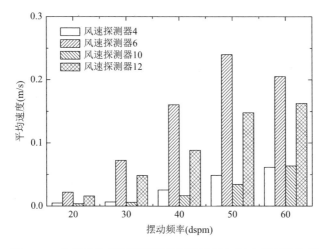

图 4-29　右臂手腕周围区域平均气流速度与摆动频率的关系

从图 4-29 中也可以发现，当肢体摆动频率为 60 dspm（实验 5）时，右臂手腕右侧的空气流动速度小于 50 dspm（实验 5）时手腕右侧的气流速度。这主要是由于肢体的摆动是周期性运动，当手臂从最高点摆回起始点时，所引起的运动气流与原摆动过程中引起的朝向最高点的运动气流方向相反，当肢体摆动达到较高频率时，不同方向的运动气流会相互影响、抵消，降低平均气流速度。此外，图 4-29 和图 4-30 显示，当摆动频率为 20 dspm 和 30 dspm（实验 1 和实验 2）时，手腕和脚踝周围的气流速度都非常小（＜0.1 m/s）。因此，缓慢的步行或者散步对人体周围空气流场的影响十分有限。

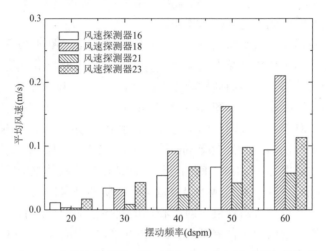

图 4-30　左脚脚踝周围区域平均气流速度与摆动频率的关系

　　为了比较假人肢体摆动时，肢体周围区域空气流场的分布特征，图 4-31 显示了所有探测器所在位置的最大速度与空间位置、肢体摆动频率的关系，图 4-32 显示了所有探测器所在位置的平均速度与空间位置、肢体摆动频率的关系。在肢体摆动过程中，手和脚的摆动幅度较大，因此在垂直方向上，假人手和脚周围区域（探测器 5、6、11、12、17、18、23 和 24）的气流速度也更大。在右臂右侧和正面，手腕周围区域气流平均速度约为大臂周围的 4.1 倍和 2.0 倍。在左腿正面和左

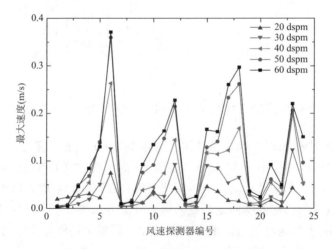

图 4-31　最大气流速度与空间位置、肢体摆动频率的关系

侧，手腕周围区域气流平均速度约为大臂周围的 1.2 倍和 3.2 倍。在水平方向上，靠近假人肢体的区域（探测器 4、6、10、12、16、18、21 和 23）的气流速度也比其他区域的气流速度要大，平均约为其 2.5 倍。在大臂（探测器 1、2、7 和 8）和大腿（探测器 13、14、19 和 20）周围，气流速度几乎为零。此外，腿部周围区域的气流速度略小于手臂周围区域的气流速度，平均约为其 54%。

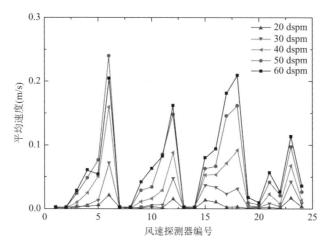

图 4-32　平均气流速度与空间位置、肢体摆动频率的关系

4.5　本章小结

本章分别采用小尺寸、全尺寸实验测量和数值模拟的方法研究人员运动行为对其周围空气流场的影响。

首先，实验方面搭建了运动轨道平台装置，实现了物体在环境舱室内的启动、停止及匀速运动，利用单片机构建了适用于动态实验条件的红外同步测量装置；采用 DPIV 设备，精确测量了人体移动过程中其周围流场在横向和纵向上的特征及变化规律。实验结果分析了不同运动速度对流场速度场分布、涡团演变及尾迹特征的影响；并通过对比圆柱体和具有真实人体形态的假人三维扫描体的流场特征，分析了人体外形结构对于流场的影响，以及人体运动过后尾迹流场的动态演变规律。得出的结论如下：

（1）人体移动行为将导致身体后方的气流呈现下旋状态，进而形成涡团，随着运动的进行，涡团面积不断扩大并由底部向上运动并逐渐靠近人体的呼吸区域；同时，人体的移动行为还将导致身体两侧的气流不断向中心汇聚，在肩部附近形成一对下旋的对称涡团，随着运动的进行，涡团呈现左右交替、向下运动的趋势，整个过程实现了垂直方向的气流混合循环。因此，即使当传染源原本没有分布在人体的移动轨迹上时，移动行为仍然将促进横向、纵向及垂直方向的气流混合效果，并将污染物质带到轨迹周围，增大污染物质吸附或传染病感染的风险。

（2）人体移动速度对流场的动态变化有一定的影响。当移动速度减小后，纵向涡团的影响面积和强度明显减小，带动两侧气流形成的对称涡团的强度和起始位置也明显降低，减缓了室内气流在垂直方向上的混合影响范围和循环效果强度。可见，降低运动速度有助于阻碍污染物质的进一步扩散，进而降低人体接触污染物质并感染疾病的风险。

（3）人体的几何形态也将影响流场的动态变化。手臂附近的流场形成了对称的环绕气流，躯干后方形成的下旋气流强度较高，与迎风部位的气流速度相近，验证了第3章混合对流换热模式的分析结果；人体两腿间的缝隙将导致身后的流场呈现较为稳定的水平气流，该水平气流在一定程度上阻碍了上方的下旋气流和对称涡团的继续下移，稍微减弱了由运动引起的垂直方向气流混合的作用范围。因此，在进行更为精细的流场设计时，不应该采取粗略近似的椭圆柱体代替，最好能够选取具有精细人体几何形态的假人模型或真人开展相关实验。

（4）当人体移动过后，尾迹的动态演变呈现一定规律性。身体后方的对称涡团以左右交替的方式不断下移并消散，两腿间的水平气流逐渐减弱直至整个空间趋于稳定。

实验结果在污染物传播评估、通风系统的设计等方面有重要意义，同时，通过精细实验测量获得的数据还可以为第5章的数值模拟方法提供验证。

在数值模拟方面，本章首先建立了与实验装置尺寸结构相同的用于模拟室内人员移动的计算区域，采用动网格与静网格结合的方法对计算区域进行网格划分，在保持计算精度的同时降低了网格数量并加快了计算速率；其次，分别介绍了雷诺平均方法和大涡模拟方法对N-S方程的近似原则，并采用这两种模拟方法对人员移动行为及其周围流场情况进行模拟；再次，采用实验数据定性及定量验证的方法，对比分析了更适用于人体移动条件的模拟方法和相应模型；最后，利用已验证的数值模拟方法，分别模拟有无运动小车时周围气流分布特征，对比分析在实验中移动的小车对流场产生的扰动效果。得到的结论如下。

（1）通过逐一对比DPIV实验测量与两种数值模拟方法获得的气流分布特征、速度大小及流动趋势等，可以发现，大涡模拟方法能够较好地模拟出运动人体尾迹形成、发展及稳定的过程，与实验测量结果相符。特别是两腿中间空隙后方较强的水平流动，以及运动一段时间后人体背部后方的下旋冲击气流，均较好地体现在大涡模拟方法的模拟结果中。因此，可以认为大涡模拟方法可准确地反映气流运动的过程和规律，能够获得空间流场的细节和特征，在模拟人员移动条件下的非稳态流场特征方面具有一定的优势。

（2）采用大涡模拟方法对有无小车的流场进行模拟，并与实验测量结果对比，可以发现，实验中小车的存在对于底部流场产生了一定程度的影响，靠近假人的底部区域存在波动的气流，并始终存在于底部直至运动结束。但小车对流场的影响仅局限于小腿以下的高度，并不影响上方流场特征的变化，不会作用于垂直方向气流的混合循环过程。

（3）采用大涡模拟方法对运动假人前后的流场进行模拟，假人前方及头部上方的流场特征可以解释身体背部后方下旋流的形成机理。

参 考 文 献

[1]　Cao X D，Liu J J，Nan J，et al. Particle image velocimetry measurement of indoor airflow field：a review of the technologies and applications. Energy and Buildings，2014，69：367-380.

[2]　Edge B A，Paterson E G，Settles G S. Computational study of the wake and contaminant transport of a walking human. Journal of Fluids Engineering，2005，127：967-977.

[3]　Wang J，Chow T T. Numerical investigation of influence of human walking on dispersion and deposition of expiratory droplets in airborne infection isolation room. Building and Environment，2011，46（10）：1993-2002.

[4]　Meneghini J R，Saltara F. Numerical simulation of flow interference between two circular cylinders in tandem and side-by-side arrangements. Journal of Fluids and Structures，2001，15：327-350.

[5]　Sumner D，Wong S S T，Price S J，et al. Fluid behaviour of side-by-side circular cylinders in steady cross-flow. Journal of Fluids and Structures，1999，13（3）：309-338.

[6]　Brohus H，Balling K D，Jeppesen D. Influence of movements on contaminant transport in an operating room. Indoor Air，2006，16：356-372.

[7]　Poussou S B，Mazumdar S，Plesniak M W，et al. Flow and contaminant transport in an airliner cabin induced by a moving body：model experiments and CFD predictions. Atmospheric Environment，2010，44：2830-2839.

[8]　Madureira J，Paciencia I，Rufo J. Indoor air quality in schools and its relationship with children's respiratory symptoms. Atmospheric Environment，2015，118：145-156.

[9]　Smagorinsky J S. General circulation experiments with primitive equations. Monthly Weather Review，1963，94：99.

[10]　Ojofeitimi A. Large eddy simulation of a transitional，thermal blasius flow at low reynolds number. International Journal of Heat and Mass Transfer，2018，118：1098-1114.

[11]　Lakehal D，Rodi W. Calculation of the flow past a surface-mounted cube with two-layer turbulence models. Journal of wind Engineering and Industrial Aerodynamics，1997，67（8）：65-78.

第 5 章　呼吸道传染物质的感染风险评估模型

5.1　概　　述

在人员密集场所中，呼吸道传染病的传播蔓延涉及传染源、传播途径和易感人群 3 个环节，每个环节对于传染病的传播蔓延都有重要影响。根据呼吸道传染病在人员密集场所中传播蔓延的机理，传染物质在空气中扩散输运的过程是影响呼吸道传染病传播蔓延的主要过程，而传染物质的大小和初始状态是该过程的重要影响因素。为了进行呼吸道传染病风险评估，需要首先对传染源的特征进行分析，确定病源患者的呼吸特征，呼出传染物质的方式和过程，并对这些特征和过程进行定量描述，建立呼吸道传染病传染源模型。当传染物质被传染源释放到空气中后，室内环境中的气流运动状态和空气流场分布是影响传染物质扩散输运的最主要因素，此时为了进行呼吸道传染病风险评估，需要确定传染物质扩散输运的分析方法，对传染物质扩散输运的过程进行分析，分析所研究的人员密集场所的环境特征，以及气流运动状态和空气流场分布，确定传染物质的时空分布。在人员密集场所中，易感人群感染呼吸道传染病的可能性与传染物质时空分布、疾病的种类和致病原理密切相关，在这种情况下为了进行呼吸道传染病风险评估，需要确定易感人群感染风险分析的方法，建立传染物质浓度与易感人群暴露水平和感染风险的定量关系，根据疾病的病理特征确定风险评估的各项参数，根据传染物质的时空分布定量评估整个空间内的感染风险分布。

本章结合呼吸道传染病在人员密集场所中传播蔓延的机理，总结了传染源特征分析、传染物质扩散输运、易感人群感染风险分析的基本原理与方法，并根据呼吸道传染病在人员密集场所中传播蔓延的过程，建立了涵盖传染源、传播途径和易感人群 3 个环节的呼吸道传染病风险评估思路，提出了人员密集场所呼吸道传染病风险评估的方法和步骤，包括传染源特征分析、传染物质扩散输运分析和易感人群感染风险评估 3 个主要环节，并对有关参数进行了分析。

5.2　传染源特征分析

呼吸道传染病在易感人群中的传播蔓延，始于呼吸道传染病感染者呼出带有传染病病原体的液滴。该过程涉及咳嗽、喷嚏、呼吸、说话等多种呼吸行为。其中，咳嗽和喷嚏是呼吸道传染病患者常见的应激呼吸行为，也是病源患者呼出传染物质的主要过程；呼吸是发生频率最高的呼吸行为，但呼出的传染物质相对较少；说话呼出传染物质的量主要取决于病源患者的健康状况和习惯，与说话的内容无关。同时，所涉及的传染源特征包括呼出液滴粒度分布、呼出气流流量率、呼出气流方向和口鼻张开面积等生理特征和空气动力学特征[1]。这些因素将对呼吸道传染病传染物质在空间内的扩散输运过程产生重要影响，因此也是传染源研究的主要内容。其中，呼出气流流量率、呼出气流方向和口鼻张开面积等因素主要影响传染物质的初始运动状态；液滴的粒度分布主要影响传染物质在空间内飘浮、扩散、运动和沉淀的物理过程，对易感人群感染风险分析有重要影响。

　　分析咳嗽、喷嚏、呼吸、说话等多种呼吸行为的生理特征和空气动力学特征，建立呼吸道传染病传染源数值模型，对呼吸道传染病风险评估有重要意义。在人员密集场所呼吸道传染病风险评估过程中，传染源特征分析可以作为传染物质扩散输运分析的输入条件。针对易感人群，传染源特征分析的主要原理和方法如下。

5.2.1　咳嗽

　　咳嗽是呼吸道传染病患者的一种常见的呼吸行为。咳嗽的呼出气流流量率可以用 γ 概率分布函数定量表示，分布函数的特征参数可以根据人的生理特征定量计算[1]。

1. 呼出气流流量率

咳嗽呼出气流流量率（flow rate）用式（5-1）表示[1]：

$$F = \frac{\bar{M}}{\mathrm{CPFR}}$$
$$\tau = \frac{t}{\mathrm{PVT}} \tag{5-1}$$

式中，F 为呼出气流流量率，L/s；CPFR 为咳嗽峰值流量率，L/s；PVT 为峰值速度时间，ms。$\bar{M}$ 满足以下条件[1]。

当 $\tau < 1.2$ 时：

$$\bar{M} = \frac{a_1 \tau^{b_1-1} \exp\left(\dfrac{-\tau}{c_1}\right)}{\Gamma(b_1) c_1^{b_1}} \tag{5-2}$$

当 $\tau \geqslant 1.2$ 时：

$$\bar{M} = \frac{a_1 \tau^{b_1-1} \exp\left(\dfrac{-\tau}{c_1}\right)}{\Gamma(b_1)c_1^{b_1}} + \frac{a_2(\tau-1.2)^{b_2-1} \exp\left[\dfrac{-(\tau-1)}{c_2}\right]}{\Gamma(b_2)c_2^{b_2}} \qquad (5\text{-}3)$$

式（5-3）中参数用式（5-4）计算[1]：

$$a_1 = 1.680$$
$$b_1 = 3.338$$
$$c_1 = 0.428$$
$$a_2 = \frac{CEV}{PVT \times CPFR} - a_1 \qquad\qquad (5\text{-}4)$$
$$b_2 = \frac{-2.158 \times CEV}{PVT \times CPFR} + 10.457$$
$$c_2 = \frac{1.8}{b_2-1}$$

式中，CEV 为咳嗽呼出气体总体积。对于特征参数 CPFR、PVT 和 CEV，根据人的生理特征计算[1]。

对于男性：

$$CPFR = -8.8980 + 6.3952H + 0.0346W$$
$$CEV = 0.138CPFR + 0.2983 \qquad\qquad (5\text{-}5)$$
$$PVT = 1.360CPFR + 65.860$$

对于女性：

$$CPFR = -3.9702 + 4.6265H$$
$$CEV = 0.204CPFR - 0.043 \qquad\qquad (5\text{-}6)$$
$$PVT = 3.152CPFR + 64.631$$

式中，H 为人的身高，m；W 为人的体重，kg。此外，对于连续的两个咳嗽，第一个咳嗽的 CPFR、PVT 和 CEV 等特征参数值可以按单一咳嗽根据式（5-5）和式（5-6）计算。对于第二个咳嗽，其 PVT 与第一个咳嗽一致，而 CPFR 和 CEV 则为第一个咳嗽的 0.5～0.6 倍。

此外，咳嗽呼出气流的方向为面向前方斜向下，羽流气团上边缘与水平方向夹角为 $\theta_1 = 15° \pm 5°$，下边缘与水平方向夹角为 $\theta_2 = 40° \pm 4°$ [1]。

2. 嘴部张开面积

咳嗽时嘴部张开面积（mouth open aera，MOA）用式（5-7）和式（5-8）表示[1]。

对于男性：

$$MOA = (4.00 \pm 0.95)\text{cm}^2 \qquad\qquad (5\text{-}7)$$

对于女性：

$$MOA = (3.37 \pm 1.40) cm^2 \qquad (5-8)$$

式中，MOA 为咳嗽时嘴部张开面积，cm^2。

5.2.2　呼吸

呼吸是一种最常见的呼吸行为，其流量率与时间满足正弦函数关系，函数的特征参数根据人的生理特征定量计算[2]。

1. 呼出气流流量率

呼吸呼出气流流量率用式（5-9）和式（5-10）计算[2]。
对于吸气：

$$F = \alpha_{in} \sin(\beta_{in} t) \qquad (5-9)$$

对于呼气：

$$F = \alpha_{out} \sin(\beta_{out} t) \qquad (5-10)$$

式中参数满足[2]：

$$\begin{aligned}
\alpha_{in} &= \frac{\beta_{in} TV}{2} \\
\alpha_{out} &= \frac{\beta_{out} TV}{2} \\
TV &= \frac{MV(RF_{in} + RF_{out})}{2 RF_{in} RF_{out}} \\
\beta_{in} &= \frac{\pi RF_{in}}{30} \\
\beta_{out} &= \frac{\pi RF_{out}}{30}
\end{aligned} \qquad (5-11)$$

式中，RF 为呼吸频率，次/min；MV 为每分钟呼吸气流体积，L；TV 为单次呼吸气流体积，L。这些参数均与人的身高、体重、性别、皮肤表面积等生理特征有直接的定量关系，如式（5-12）和式（5-13）所示[2]。
对于男性：

$$\begin{aligned}
MV(L) &= 5.225 \times BSA(m^2) \\
RF_{in} &= 55.55 - 32.86 H(m) + 0.2602 W(kg) \\
RF_{out} &= 77.03 - 45.42 H(m) + 0.2373 W(kg)
\end{aligned} \qquad (5-12)$$

对于女性：

$$MV(L) = 4.632 \times BSA(m^2)$$
$$RF_{in} = 46.43 - 18.85H(m)$$
$$RF_{out} = 54.47 - 25.48H(m)$$

（5-13）

式中，BSA 为人体表面积（body surface area），m^2。呼吸时，呼出气流的方向与呼吸的方式有关，包括用鼻子、嘴呼吸等[2]。

2. 嘴部张开面积

呼吸时嘴部张开面积用式（5-14）和式（5-15）计算[2]。

对于男性：

$$MOA = (1.20 \pm 0.52)cm^2$$

（5-14）

对于女性：

$$MOA = (1.16 \pm 0.67)cm^2$$

（5-15）

5.2.3 说话

在说话、交谈的过程中，不同的发音、不同的语言内容，其呼出气流流量率有较大的不同[2]。例如，念数字、读音标或者朗读段落的平均气流流量率明显不同。在近似计算过程中，采用式（5-16）进行近似估算[2]：

$$F = m \times BSA$$

（5-16）

式中，m 为参数，男性的 m 为（9.7 ± 0.7）$\times 10^{-2}$，女性的 m 为（8.9 ± 1.0）$\times 10^{-2}$。

说话时的呼出气流方向垂直于面部平面向前。说话时的嘴部张开面积，对于男性和女性均可以近似为（1.8 ± 0.03）cm^2 [2]。

5.2.4 喷嚏

喷嚏呼出气流的最大速度为 30～100 m/s，远远大于咳嗽、呼吸和说话的呼出气流最大速度[3-5]。喷嚏呼出气流的方向为垂直于面部平面向前。嘴部张开面积可以近似认为与咳嗽相同，按照式（5-7）和式（5-8）计算。

上述模型和方法给出了咳嗽、呼吸、说话、喷嚏等多种呼吸行为的生理特征和空气动力学特征的数学描述方法，具有广泛的适用性和良好的实用性。在进行人员密集场所呼吸道传染病风险评估过程中，可以使用这些模型和方法对传染源的特征进行数学描述，定量分析传染物质释放的过程。对于呼出液滴的粒度分布，近 70 年来，国内外已有许多针对咳嗽、喷嚏、呼吸和说话等呼吸行为的呼出液滴粒度分布的研究。在传染源特征分析过程中，可以根据这些研究给出的结果确定呼出液滴的粒度分布。然而到目前为止，针对喷嚏呼出液滴粒度分布的研究仍然十分有限[6, 7]。针对喷嚏呼出液滴粒度分布进行研究，对于人员密集场所呼吸道传染病风险评估方法的研究有重要意义。

5.3　传染物质扩散输运原理

在呼吸道传染病传播蔓延过程中，病源患者呼出的传染物质会在室内空间中随气流输运、扩散。要进行呼吸道传染病风险评估研究，必须分析传染物质在空气中扩散输运的过程，研究传染物质在空间内的时空分布及分布特征。在进行传染物质扩散输运分析时，可以对传染物质扩散输运进行数值模拟，计算空间内的气流运动特征、流场分布和传染物质浓度时空分布。在数值模拟过程中，需要根据所研究的人员密集场所的环境特点建立对应的计算模型，确定空间内的通风条件和热边界条件，输入选定的传染源特征和病源参数，再根据实际需要选择适当的计算流体力学模型和方法，以及湍流模型、壁面沉淀模型等数值计算模型，对呼吸道传染病传染物质在空间内扩散输运的过程进行数值模拟，定量计算传染物质在室内环境中的时空分布。在人员密集场所呼吸道传染病风险评估过程中，传染物质扩散输运分析可以作为易感人群感染风险分析的输入条件。

在进行数值计算时，使用 RANS 的 N-S 公式求解流场分布和湍流特征。尽管 RANS 方法不能给出连续相流体的瞬时湍流量，但是 RANS 方法需要的计算空间和资源相对较少，计算速度和求解精度能够满足流场计算的工程需求，因此现有的湍流计算方法基本都是根据 RANS 方法开发的。在 RANS 方法中，连续相流体的瞬时湍流量并没有完全精确求解，而是通过统计平均的形式表示，并考虑了湍流的随机性效应。该方法已经被广泛应用于流场计算和湍流分析中[8, 9]，能对离散相的湍流输运给出精度与直接数值仿真（direct numerical simulation，DNS）方法相近的计算结果，并且已经得到了良好的实验验证[10]。

目前，根据 RANS 方法的计算格式，室内通风环境中离散相的气溶胶和颗粒物扩散输运的数值模拟方法主要有两种[11]。

1. 欧拉-欧拉法

在欧拉-欧拉法（Eulerian-Eulerian approach）中，连续相和离散相物质的空气输运都采用欧拉法对 N-S 公式进行计算。使用欧拉-欧拉法计算离散相物质的运动时，离散相物质被看作是连续态的物质，并使用连续相扩散的计算方法对其进行空气流场计算与分析。因此，在使用欧拉-欧拉法进行离散相物质输运数值模拟时，要求离散相物质的浓度很高，在每个计算节点（cell）中都有足够数量的离散相物质，以保证所得到的体积平均值有足够的计算精度。

2. 欧拉-拉格朗日法

在欧拉-拉格朗日法（Eulerian-Lagrangian approach）中，连续相物质的运动根据欧拉法计算，而离散相物质的空气输运则根据拉格朗日法计算。在数值计算过程中，离散相被认为是单独的个体，其运动根据离散相物质的受力关系计算，包括连续相对离散相的作用力及其他外力对离散相的作用力。与欧拉-欧拉法相比，欧拉-拉格朗日法能够对真实的物理现象给出更合适、更自然的数学描述。

本节采用欧拉-拉格朗日法进行传染物质空气输运计算。该方法已经被广泛应用于稳态流场中离散相物质的扩散输运数值模拟[12-15]。在欧拉-拉格朗日法中，连续相的控制方程根据欧拉法计算，如式（5-17）、式（5-18）和式（5-19）所示[14]：

$$\frac{\partial \rho}{\partial t} + \frac{\partial}{\partial x_i}(\rho u_i) = 0 \tag{5-17}$$

式中，ρ 为连续相的密度，g/m^3；t 为时间，s；u_i 为在空间位置 x_i 处连续相在 i 方向上的速度，m/s。

$$\frac{\partial}{\partial t}(\rho u_i) + \frac{\partial}{\partial x_j}(\rho u_i u_j) = -\frac{\partial P}{\partial x_i} + \frac{\partial \tau_{ij}}{\partial x_j} + \rho g_i + F_i \tag{5-18}$$

式中，P 为连续相的静态压力，Pa；τ_{ij} 为应力张量，N/m^2；g_i 为重力加速度，m/s^2；ρg_i 是连续相的重力；F_i 为额外的体积力（如连续相和离散相之间的相互作用力等），$kg/(m^2 \cdot s^2)$。

$$\frac{\partial}{\partial t}(\rho E) + \frac{\partial}{\partial x_j}[u_i(\rho E + P)] = \frac{\partial}{\partial x_i}\left[\kappa_{\text{eff}}\frac{\partial T}{\partial x_i} + u_j(\tau_{ij})_{\text{eff}}\right] \tag{5-19}$$

式中，E 为连续相的总能量，J/g；κ_{eff} 为有效的传导率，$W/(m \cdot K)$；T 为连续相的温度，K。

式（5-17）、式（5-18）和式（5-19）分别为连续相的质量守恒、动量守恒和能量守恒控制方程。空气中的水蒸气也是连续相的一种，因此也采用欧拉法结合多相流分析方法计算空气湿度。

对于离散相，其控制方程采用拉格朗日法计算。每一个从喷射系统中排出并进入研究区域的气溶胶颗粒，都可以使用拉格朗日法单独追踪其运动轨迹，计算瞬时位置和瞬时速度。影响气溶胶颗粒的控制方程中包含斯托克斯力、Basset 力、流体压力梯度力、附加的质量惯性力及重力[14, 16]。由于连续相和离散相的密度差约为 O（10^3），因此只有斯托克斯力、重力和惯性力对离散相颗粒的运动有显著影响。根据拉格朗日方法，离散相气溶胶颗粒的运动按照式（5-20）和式（5-21）计算[17, 18]：

$$\frac{\mathrm{d}x_{p,i}}{\mathrm{d}t} = u_{p,i} \tag{5-20}$$

$$\frac{\mathrm{d}u_{p,i}}{\mathrm{d}t} = F_D(u_i - u_{p,i}) + \frac{g_i(\rho_p - \rho)}{\rho_p} + F_{a,i} \tag{5-21}$$

式中，$u_{p,i}$ 为离散相的瞬时速度，m/s；ρ_p 为离散相的密度，g/m³；F_D 为松弛时间的倒数，s⁻¹；$F_D(u_i - u_{p,i})$ 为作用在单位质量上的拖拽力；$g_i(\rho_p - \rho)/\rho_p$ 为作用在单位质量上的重力；$F_{a,i}$ 为作用在单位质量上的额外的力，m/s²，包括热泳力和布朗运动等。F_D 还可以用式（5-22）表示：

$$F_D = \frac{18\mu}{\rho_p d_p^2} \frac{C_D Re_p}{24} \tag{5-22}$$

式中，μ 为连续相的分子黏性，g/(m·s)；d_p 为离散相颗粒的直径，μm；Re_p 为离散相雷诺数，可以用式（5-23）表示为

$$Re_p = \frac{\rho d_p |u_p - u|}{\mu} \tag{5-23}$$

在式（5-17）～式（5-21）中，连续相的速度 u 应当包括求解 RANS 方程得到的平均速度 $\bar{u}$ 及瞬时速度 $u' = u_i'$。瞬时速度 u' 可以使用离散相随机游走模型（discrete random walk，DRW）进行定义，与湍流扩散中的湍流动能有关，如式（5-24）所示：

$$u_i' = \zeta\sqrt{2k/3} \tag{5-24}$$

式中，ζ 为高斯随机参数；k 为单位质量上的湍流动能，m²/s²。在离散相物质扩散输运过程中，粒子的湍流扩散主要受气流瞬时速度的影响，湍流扩散对离散相物质运动的影响远大于布朗运动的影响。

对于空气流场中的湍流，目前已有多种涡黏湍流模型（eddy-viscosity turbulence model）可用于室内通风环境空气流场数值模拟。标准 k-ε 模型（standard k-ε model）[15, 19]，RNG k-ε 模型[20, 21]及大涡模拟模型（large-eddy simulation，LES）[22, 23] 都已经在室内通风环境空气流场数值仿真方面得到广泛应用。其中，RNG k-ε 模型具有良好的计算精度、计算效率、稳定性和收敛性，是几种湍流模型中最适合室内通风环境空气流场数值模拟的模型[24, 27]。在使用拉格朗日法对离散相物质扩散输运进行数值模拟时，近壁湍流模型的选取对于精确预测离散相物质在壁面的沉淀非常重要。在室内环境中，强化的双层近壁模型（enhanced two-layer wall treatment）使用近壁修正函数对壁面附近区域内的法向速度波动进行修正，对近壁区域内各向异性的湍流进行模型化，具有比标准的近壁模型（standard wall function）更高的计算精度[12, 14, 28]。

在人员密集场所风险评估过程中，所研究的场所为室内通风环境、受限空间，

空间尺度不大、环境特征相对单一、气流运动规律比较明显、空气流场变化不大，与室外开阔空间有较大不同。欧拉-拉格朗日方法能够对室内空气流场进行数值模拟，能够定量分析传染物质在室内空间稳态流场中扩散输运的过程，能够应用于稳态条件下的传染物质扩散输运分析和传染病传播蔓延分析。然而，由于传染物质在室内环境中扩散输运的过程主要取决于该环境的通风条件和气流运动状态，因此能够影响空间流场分布的影响因素都有可能改变传染物质的扩散输运过程，特别是人员移动行为会改变室内环境中的气流运动模式，并进一步影响传染物质扩散输运的过程。例如，在客机机舱的通风环境中，通过对稳态流场进行数值模拟发现，沿着客机机舱过道方向（垂直于客机机舱的横截面方向）的气流运动很小。因此，对于客机机舱环境，如果空气流场始终处于稳态，则只有位于病源患者前后两排范围内的乘客才有可能被传染[29-32]。然而在实际的客机机舱传染病暴发案例中，部分新发感染者位于距离病源患者很远的座位上。当空乘人员或乘客沿客机机舱过道行走时，其移动行为可能会改变客机机舱内的气流运动模式，使传染物质跟随移动人员向前运动，扩散、蔓延到更远的区域，从而导致了远离病源患者的乘客被传染[21]。目前，对于人员移动行为对空气流场的影响，现有研究较少，研究方法也存在一定不足。研究人员密集场所中人员移动行为对空气流场的影响，对人员密集场所呼吸道传染病风险评估有重要意义。

5.4 易感人群感染风险模型

在进行易感人群感染风险分析过程中，使用剂量-响应模型进行风险评估，根据传染物质在人的呼吸道内沉淀的物理过程确定易感人群的吸入剂量，根据传染物质的大小和时空分布确定易感人群的暴露水平，并根据疾病种类和病理特征确定传染物质中病原体的浓度、存活能力、感染性等风险评估参数，定量评估易感人群的感染风险。同时，为了进行案例验证，使用可能性分析方法估计未知参数的估计值，评估事件发生的可能性。

5.4.1 剂量-响应模型

通过使用 CFD 方法对室内空间中的空气流场分布进行数值模拟，可以获得研究区域内传染物质的浓度分布。根据呼吸道传染病的感染机理，使用剂量-响应模型定量计算易感人群感染呼吸道传染病的风险[33]。对于暴露在一定浓度的传染物质中的易感人群，其暴露水平（exposure level）使用吸入分数（intake fraction）评估[34, 35]，即被易感人群呼吸道对应区域吸收的传染物质的总量占病源患者呼出传染物质总量的比例，如式（5-25）所示[36]：

$$D(x,t) = \frac{\sum_{l=1}^{m} \beta_l cp \int v(x,t)_l h_l f(t) \mathrm{d}t}{N_c} \qquad (5\text{-}25)$$

式中，$D(x, t)$ 为易感人群的吸入分数；x 为易感人群所在的位置；c 为病源患者呼出液滴中的病原体浓度，cfu/mL（肺结核细菌）、pfu/mL（SARS 病毒）或 TCID$_{50}$/mL（流感病毒）；p 为易感人群的肺部通风速率，表示易感人群在呼吸过程中每分钟吸入气体的总体积，取为 7.5 L/min[35]；$f(t)$ 为 t 时刻病原体在病源患者呼出的液滴中的存活分数，%；m 为直径区间的病原体总数；β_l 为第 l 个直径区间内的液滴在易感人群呼吸道特定区域中的沉积分数，%；N_c 为病源患者呼出的病原体总数，$N_c = V_c c$，其中 V_c 为病源患者呼出液滴的总体积，mL；h_l 为病源患者呼出液滴喷雾中第 l 个直径区间中的液滴的数量与数值模拟过程中第 l 个直径区间中的液滴数量的比值，表示病源患者呼出液滴粒度分布（蒸发前的原始粒度分布）与 CFD 数值模拟过程中所使用的粒度分布的定量对应关系；$v(x, t)$ 为 t 时刻位置为 x 处，易感人群呼吸区域内液滴的体积浓度，mL/L[35]。$v(x, t)$ 可以通过 CFD 计算或者实验获得[28]，病原体等传染物质在室内环境中的时空分布通过 $v(x, t)$ 来表示。根据式（5-25），可计算出一定时间内被易感人群吸入并沉积在易感人群呼吸系统内的病原体数量占病源患者呼出病原体总量的比例。

在充分考虑了与传染物质大小有关的参数后，根据剂量-响应模型和无阈值的随机性效应评估思路，针对易感人群的呼吸道传染病感染风险，根据式（5-26）计算[36]：

$$P_I(x, t_0) = 1 - \exp\left(-\sum_{l=1}^{m} r_l \beta_l f_s t_0 cp \int_0^{t_0} v(x,t)_l b_i f(t) \mathrm{d}t\right) \qquad (5\text{-}26)$$
$$= 1 - \exp[-r N_c f_s t_0 D(x, t_0)]$$

式中，P_I 为易感人群的感染风险；r_l 为第 l 个直径区间中病原体的感染性（infection infectivity）；r 为该呼吸道传染病病原体的感染性；f_s 为病源患者的咳嗽频率，h^{-1}，对呼吸道疾病取为 18 次/h[12, 37]；t_0 为易感人群在该空间内的总暴露时间，h；$N_c f_s t_0 D(x, t_0)$ 为易感人群的总吸入剂量。

在式（5-25）和式（5-26）中，许多参数都与人的生理特征和疾病的病理特征有关，本节进一步讨论有关参数的取值范围和应用范围。对于人的生理特征参数，本节对传染物质在呼吸道不同区域的沉积分数、咳嗽频率、呼出液滴体积等参数讨论针对人群的平均值。同时，对于疾病的病理特征参数，本节对流感、肺结核、SARS 等几种典型呼吸道传染病，讨论病原体在呼出液滴中的浓度、飘浮在空气中时的存活分数及病原体的感染性等参数的取值。

1. 沉淀分数 β_j

当携带传染病病原体的液滴因呼吸作用被吸入易感染者的呼吸道中时，传染物质可能会被呼吸道内壁吸附，进而沉淀在易感染者的呼吸道系统中，从而引发感染。如果传染物质没有被呼吸道吸附，就会随着易感染者的呼吸而被呼出体外。因此，感染呼吸道传染病的可能性与传染物质在呼吸系统中的沉淀过程密切相关，沉淀越多，风险越大。沉淀过程与传染物质的大小、气流速度、呼吸道结构特征等因素有关。

人的呼吸道系统主要分为 3 个部分：①头部呼吸道区域（head airway region），包括鼻腔、口腔、咽喉等上呼吸道部位，该区域又被称为胸外（extrathoracic）呼吸区域或鼻咽（nasopharyngeal）呼吸区域，能够将吸入气流加热、加湿；②气管和支气管区域（tracheobronchial region），包括从气管到支气管末梢的全部呼吸道区域，整体结构为树状，气管不断细化，越向下气管分支越多；③肺泡区域（alveolar region），该区域为身体和空气进行气体交换的主要部位。上述 3 个区域在内部结构、气流运动模式、生理功能、传染物质悬浮与滞留时间及对沉淀的传染物质的敏感性等方面都显著不同。

根据气溶胶沉淀作用的机理，气溶胶、液滴、颗粒物等物质的沉淀过程包括以下五种作用。

1）惯性冲击（inertial impaction）

当传染物质被易感染者吸入呼吸道系统中时，吸入气流和传染物质都具有较高的运动速度，同时也有较大的惯性。传染物质越大，惯性也越大，其运动方式也越难改变。由于人的呼吸道系统分布复杂，呼吸道区域内存在大量具有"急转弯"的气管、支气管。如果传染物质因惯性的作用，未能及时随气流改变运动方向，就会触碰到呼吸道内壁并沉淀在其表面。因此，质量较大或者位于呼吸道结构复杂、气流速度较快的区域的传染物质，因惯性冲击作用而沉淀的可能性也较大。

2）拦截（interception）

传染物质进入呼吸道系统时，有可能被呼吸道表皮纤毛或呼吸道支气管内壁拦截而沉淀在呼吸道内。拦截作用的强弱取决于呼吸道的结构、内壁特征、运动速度等因素。

3）扩散（diffusion）

当传染物质在呼吸道系统中运动时，传染物质除了受运动气流的影响而运动外，还会进行布朗运动，产生随机性的扩散运动。在随机扩散运动过程中，传染物质会与空气分子碰撞，并从浓度高的区域向浓度低的区域扩散。在扩散过程中，传染物质有可能会与呼吸道的内壁接触并沉淀在其表面。因此，直径越小、悬浮时间越长的微粒，发生扩散沉淀的可能性也越大。扩散沉淀是直径小于 0.5 μm 的颗粒的主要沉淀模式，沉淀作用主要取决于颗粒的几何直径而不是空气动力学直径。

4）重力沉降（gravitational settling）

传染物质在呼吸道系统中运动时，由于受到重力的作用，会在飘浮过程中逐渐下沉。当传染物质在下沉过程中接触到呼吸道壁面时，就会发生沉淀。

5）静电吸附（electrostatic attraction）

传染物质在呼吸道系统中运动时，其运动有可能受空间中电场的影响，并被吸附到带电壁面的表面。在呼吸道系统中，静电吸附过程不是主要沉淀过程。

由于不同沉淀作用的原理和影响因素不同，在人的呼吸道系统内，微粒在不同呼吸道区域内沉淀的过程和机理也不同。国际辐射防护委员会（International Commission on Radiological Protection，ICRP）对男性和女性在进行重体力劳动、轻微运动和静坐休息时，不同呼吸道区域内颗粒物沉淀比率进行了实验和理论分析，并提出了一般性的沉淀分数计算模型。该模型已经被广泛应用在呼吸道传染病风险评估和分析研究当中，具体如下[38, 39]。

对头部呼吸道区域，气溶胶等传染物质的沉淀分数如式（5-27）所示：

$$\mathrm{DF_{HA}} = \mathrm{IF}\left(\frac{1}{1+\exp(6.84+1.183\ln d_p)} + \frac{1}{1+\exp(0.924-1.885\ln d_p)}\right) \quad (5\text{-}27)$$

式中，$\mathrm{DF_{HA}}$ 为头部呼吸道区域内液滴的沉淀分数；d_p 为液滴直径，μm；IF 为进入该呼吸道区域的液滴的数量比率，根据 ICRP 的模型，按照式（5-28）计算：

$$\mathrm{IF} = 1 - 0.5\left(1 - \frac{1}{1+0.00076d_p^{2.8}}\right) \quad (5\text{-}28)$$

对气管和支气管区域，气溶胶等传染物质的沉淀分数如式（5-29）所示：

$$\mathrm{DF_{TB}} = \left(\frac{0.00352}{d_p}\right)\exp[-0.234(\ln d_p + 3.40)^2] \\ + 63.9\exp[-0.819(\ln d_p - 1.61)^2] \quad (5\text{-}29)$$

式中，$\mathrm{DF_{TB}}$ 为气管和支气管区域内液滴的沉淀分数。

对肺泡区域，气溶胶等传染物质的沉淀分数如式（5-30）所示：

$$\mathrm{DF_{AL}} = \left(\frac{0.0155}{d_p}\right)\exp[-0.416(\ln d_p + 2.84)^2] \\ + 19.11\exp[-0.482(\ln d_p - 1.362)^2] \quad (5\text{-}30)$$

式中，$\mathrm{DF_{AL}}$ 为肺泡区域内液滴的沉淀分数。

在式（5-29）和式（5-30）中，虽然没有显示出数量比率 IF，但在计算公式中已经包含了进入该区域的液滴数量比率的计算。总的沉淀分数 DF 根据式（5-31）计算：

$$DF = IF\left[0.0587 + \frac{0.911}{1+\exp(4.77+1.485\ln d_p)}\right] \\ + \frac{0.943}{1+\exp(0.508-2.58\ln d_p)} \tag{5-31}$$

在呼吸道传染病风险评估过程中，可以根据液滴的大小使用式（5-27）～式（5-31）计算传染物质在不同呼吸道区域内的沉淀分数。值得注意的是，不同疾病的感染部位也不同。只有沉淀在感染部位的病原体才会导致人的感染。流感的感染部位为头部呼吸道区域及气管和支气管区域，因此只有沉淀在这两个呼吸道区域内的流感病毒才会造成人的感染[40]；肺结核的感染部位为肺泡区域，即只有沉淀在肺泡区域的结核分枝杆菌才会导致人的感染；SARS 的感染部位为头部呼吸道区域及气管和支气管区域，沉淀在肺泡区域的 SARS 冠状病毒不会引起人的感染[41, 42]。

2. 病原体浓度 c

当病源患者进行咳嗽、喷嚏、呼吸、说话等行为时，呼出的液滴中含有大量病原体。这些携带病原体的液滴是呼吸道传染病的主要传播媒介。在感染风险评估过程中，需要使用液滴中的传染物质浓度计算感染风险。对于不同的呼吸道传染病，其呼出液滴中的病原体浓度不同，病原体种类也不同。几种主要呼吸道传染病的病原体浓度如下。

1）流感

根据对 7 位流感患者呼出液滴病原体浓度测量的结果，流感病毒的浓度范围为 $6\times10^2\sim2\times10^7$ TCID$_{50}$，平均值为 10^5 TCID$_{50}$[43]。其中，TCID$_{50}$ 为半数组织培养感染剂量或 50%组织细胞感染量（tissue culture infective dose 50%），指能在半数细胞培养板孔或试管内引起细胞病变（cytopathic effect，CPE）的病毒剂量。在风险评估过程中，可以使用该平均值（10^5 TCID$_{50}$）进行风险计算和评估[36]。

2）肺结核

对于肺结核，根据对 22 位肺结核患者呼出液滴病原体浓度测量的结果，结核分枝杆菌的浓度范围为 $6.6\times10^4\sim3.4\times10^7$ cfu/mL，所有患者的平均值为 8.4×10^6 cfu/mL[44]。其中，cfu 为菌落形成单位数（colony-forming units），指单位体积中的活菌个数。在活菌培养计数时，由单个菌体或聚集成团的多个菌体在固体培养基上生长繁殖形成的集落，称为菌落形成单位，表示的是活菌的数量。在风险评估过程中，可以使用该平均值（8.4×10^6 cfu/mL）进行风险计算和评估[6]。

3）SARS

对于 SARS，通过对 SARS 冠状病毒在呼吸道上皮纤毛细胞（SARS 冠状病毒的宿主细胞）中的复制和分裂过程进行研究发现，SARS 冠状病毒在呼吸道上皮纤毛细胞分泌物中的浓度可以达到 $1 \times 10^4 \sim 1 \times 10^7$ pfu/mL，平均浓度为 10^6 pfu/mL[42]。其中，pfu 为嗜菌斑形成单位数（plaque-forming unit），即每毫升试样中所含有的具有侵染性的噬菌体粒子数。在风险评估过程中，可以使用该平均值（10^6 pfu/mL）进行风险计算和评估。

3. 存活分数 $f(t)$

病原体在离开人体后，由于脱离了最适宜的生存环境，会不断受到热辐射、脱水、氧化、紫外线照射等作用的影响并持续死亡，其数量也会不断减少[45]，使用存活分数 $f(t)$ 定义 t 时刻仍然具有感染能力的病原体的数量。在液滴被呼出体外之前的气溶胶雾化过程中，会有大量的病原体死亡。当病原体飘浮在空气中时，随着飘浮时间的增加，病原体的存活分数会持续缓慢降低，并与空气的相对湿度和飘浮在空气中的时间有关[46]。在风险评估过程中，可以对不同疾病的存活分数进行近似计算。

流感：雾化过程结束后，即 $t = 0$ s 时刻，病原体的存活分数为 20%，此后每分钟损失 2.5%[36]。

肺结核：雾化过程结束后，病原体的存活分数为 75%，此后的 15 min 内，每分钟损失 1%[12, 36, 47]。

SARS：由于 SARS 冠状病毒可以在排出体外后的数分钟内保持感染能力，并在长达几天的时间内缓慢下降[48, 49]，因此认为 SARS 冠状病毒的存活分数在呼出后的较短时间内（悬浮时间内）保持不变。

4. 感染性 r

对于不同的呼吸道传染病，其感染机理和病理特征不同，对易感人群的感染能力也不同。因此，使用感染性 r 表征不同传染病的感染能力。由于不同疾病、不同菌株的感染性变化较大，不同易感染者对疾病的抵抗力也不同，为排除个体差异性的影响，本书对流感、肺结核、SARS 的感染性参数值进行分析和估算。

1）流感

出于开发流感疫苗的需要，许多研究针对流感病毒的感染性进行了临床研究。在这些临床研究中，通过给一定数量的人群接种流感病毒并观察人群中发病病例占总人数的比例，评估不同滴度的流感病毒在人群中的感染能力。根据接种的流感病毒剂量及其在人群中的发病比例，就可以根据式（5-26）中的指数关系，定量计算出感染性。考虑到不同实验人员的疾病抵抗力不同，不同临床实验的条件也有一定差异性，可以对不同实验的实验结果进行比较和拟合，得到流感感染性的最优值。其中，接种主要分为鼻腔接种（nasal inoculation）和气溶胶接种（aerosol inoculation）两种形式[50, 51]。采用鼻腔接种时，流感病毒直接接种在鼻腔，即感染区域为头部呼吸道区域。鼻腔接种是近年来主要的接种方式；采用气溶胶接种时，流感病毒以喷雾形式被接种人员吸入，即感染区域为气管和支气管区域。比较发现，鼻腔接种和气溶胶接种的感染剂量明显不同，因此流感在头部呼吸道区域及气管和支气管区域的感染性也是不同的,应当分别进行分析和计算。表 5-1 为鼻腔接种流感病毒剂量与疾病感染比例的关系。

表 5-1　鼻腔接种流感病毒剂量与疾病感染比例的关系

流感病毒类型	接种剂量（lgTCID$_{50}$）	暴露人数	发病人数	发病比例
A/Hong Kong/77（H1N1）[52]	4.2	6	5	0.83
A/Udorn/72（H3N2）[52]	4	6	5	0.83
A/Alaska/77（H3N2）[52]	4.2	8	4	0.50
A/Alaska/6/77（H3N2）[53]	4.2	8	4	0.50
A/Washington/897/80（H3N2）[54]	6	24	11	0.46
A/California/10/78（H1N1）[55]	4	9	5	0.56
A/California/10/78（H1N1）[56]	4.5	14	6	0.43
A/Korea/1/82（H3N2）[56]	6.2	14	7	0.50
A/Texas/1/85（H1N1）[57]	6.4	28	12	0.43
A/Bethesda/1/85（H3N2）[57]	7	10	3	0.30
A/Kawasaki/9/86（H1N1）[58]	7	14	6	0.43
A2 influenza virus[36, 40]	2.3	—	—	0.50
California/10/78（H1N1）[59, 60]	4	15	11	0.73
California/10/78（H1N1）[59, 60]	4.5	9	8	0.89
Texas/1/85（H1N1）[59, 60]	6.4	28	26	0.93
Texas/1/85（H1N1）[59, 60]	6.7	22	20	0.91
Texas/36/91（H1N1）[59, 60]	6	12	8	0.67
Texas/36/91（H1N1）[59, 60]	6	16	13	0.81
Texas/36/91（H1N1）[59, 60]	6	18	17	0.94
Texas/36/91（H1N1）[59, 60]	6	19	14	0.74
Texas/91（H1N1）[59, 60]	5	33	24	0.73
Texas/91（H1N1）[59, 60]	5	26	25	0.96

流感病毒类型	接种剂量（lgTCID$_{50}$）	暴露人数	发病人数	发病比例
Bethesda/1/85（H3N2）[59, 60]	7.15	19	18	0.95
Korea/82（H3N2）[59, 60]	6	14	12	0.86
Los Angeles/2/87（H3N2）[59, 60]	7	24	22	0.92
Washington/897/80（H3N2）[59, 60]	6	27	25	0.93

根据表 5-1 中的临床数据，本节采用最小二乘法进行函数拟合，得到流感病毒鼻腔接种的感染性为 $r = 7.45 \times 10^{-5}$。与此同时，由于实验室培养的用于接种的流感病毒为经过人工灭活的病毒，其感染性要明显小于野生的活体病毒[61]。野生活体病毒的感染性平均比接种用的流感病毒高约 1070 倍[60]。因此，本节给出流感病毒在鼻腔内的感染性为 $r = 7.45 \times 10^{-5} \times 1.07 \times 10^{3} = 7.97 \times 10^{-2}$。

对于气溶胶接种，50%感染剂量（ID$_{50}$）的评估值为 1.8TCID$_{50}$[62]，根据该值计算流感病毒在气管和支气管区域的感染性值，为 $r = 0.385$[63, 64]。

2）肺结核

对于肺结核，通常使用皮试法对肺结核疑似病例进行疾病检测。当有一个具有感染能力的结核分枝杆菌落在呼吸道内时，皮试结果即为阳性，即被认为感染了肺结核病。鉴于肺结核病结核分枝杆菌的高感染性，在风险评估过程中认为肺结核病的感染性 r 值为 1[35, 65]。

3）SARS

对于 SARS，实验研究显示很小剂量的 SARS 冠状病毒就能够在呼吸道内有效复制、繁殖[66, 67]。鉴于 SARS 冠状病毒的高致病性和高感染性，认为 SARS 冠状病毒沉淀在人的呼吸道内即可造成感染，其感染性 r 的值为 1。

5.4.2　可能性分析方法

为了与实际的传染病暴发案例进行比较和验证，本节使用可能性分析（likelihood analysis）进行实例研究和比较[68]。风险评估方法能够给出空间内易感人群的感染风险，而可能性分析则主要用于分析、估计实际案例中的未知信息。在剂量-响应模型中，为了进行易感人群感染风险分析，部分生理特征和病理特征的参数使用了平均值或假设值进行计算。对于实际的传染病暴发事件，这些参数的值会由于不同病源患者之间生理特征和病理特征的差异而发生改变。使用平均值或假设值将在一定程度上增加风险评估结果的不确定性。同时，风险评估过程中也对空间内的气流运动模式、传染物质的扩散输运模式进行了假设，即对传染病暴发事件发生的情景进行了假设。这些情景假设的设置也会增加风险评估结果的不确定性。

为了减小参数假设和情景假设对风险评估结果的影响，使用可能性分析方法对风险评估的结果进行假设检验，评估不同传染物质扩散输运模式、不同情景假设发生的可能性，比较不同参数假设值和不同情景假设的可能性，分析未知参数的最大似然估计值和具有最大可能性的情景假设。通过使用可能性分析方法进行假设检验，能够估计风险评估结果的可能性，估计未知参数的最大可能值，判断最贴近真实情况的风险评估结果。

在对风险评估结果进行可能性估计时，使用感染剂量产生率（quanta generation rate）综合考虑所有的未知参数。感染剂量产生率指的是具备感染能力的病原体的产生率，形式上等于感染性和病原体产生率的乘积，即 $rN_c f_s$[33]。感染剂量产生率包含了风险评估方法中用到的最主要的未知参数。通过使用可能性分析，就可以分析感染剂量产生率的最大似然估计值，判断最贴近真实情况的值。

可能性分析的主要步骤如下[68]。

（1）明确未知参数，根据实际需要选择可能性分析的研究对象，并对其值进行假设。对于呼吸道传染病风险评估方法研究，未知参数为感染剂量产生率。

（2）设置情景假设，并根据 CFD 方法计算空间内传染物质的时空分布。传染物质的时空分布与气流运动规律、空气流场特征及相应的情景假设有关。不同情景假设得到的传染物质时空分布也不同。

（3）根据传染物质的时空分布，计算易感人群的传染物质吸入分数。

（4）根据空间内每个易感染者的吸入分数，把所有易感染者分成几个组，每组中的易感染者的吸入分数值相近。计算每组所有易感染者的吸入分数的平均值。

（5）根据每组易感染者的吸入分数的平均值，以及假设的感染剂量产生率值，计算每组易感染者的平均感染风险。

（6）与实际的案例比较，判断每组易感染者中感染了该呼吸道传染病的患者人数。

（7）根据每组的易感染者总人数、患者人数、平均感染风险，评估该情景假设和感染剂量产生率假设值的可能性，如式（5-32）所示[68]。

$$\overline{L_r(p_I)} = \left(\prod_{s=1}^{S} N_s L_r(\overline{p_{I,s}}) \right)^{1/S} \tag{5-32}$$

式中，$\overline{L_r(p_I)}$ 为该事件的可能性；S 为易感人群的分组数量；N_s 为第 s 组中所有易感染者的总数；$L_r(\overline{p_{I,s}})$ 为第 s 组的相对可能性，满足：

$$L_r(\overline{p_{I,s}}) \begin{cases} (1-\overline{p_{I,s}})^{N_s} & \text{其中 } n_s = 0 \\ \overline{p_{I,s}}^{N_s} & \text{其中 } n_s = N_s \\ N_s^{N_s}\left(\dfrac{\overline{p_{I,s}}}{n_s}\right)^{n_s}\left[\dfrac{(1-\overline{p_{I,s}})}{N_s-n_s}\right]^{N_s-n_s} & n_s \text{ 为其他值} \end{cases} \quad (5\text{-}33)$$

式中，$\overline{p_{I,s}}$ 为第 s 组易感人群中所有易感染者的平均感染风险；n_s 为第 s 组易感染者在实际案例中感染传染病的总人数。

在可能性分析过程中，对每一个情景假设，重复步骤（4）～步骤（7）可以得到一系列感染剂量产生率与发生可能性的对应关系；对于多种情景假设，重复步骤（2）～步骤（7）可以得到情景假设、感染剂量产生率与发生可能性的对应关系。其中，具有最大发生可能性 $\overline{L_r(p_I)}$ 的情景假设和感染剂量产生率即为与真实情况最相近的结果，其风险评估结果的可信度也最高。

剂量-响应模型考虑了传染物质在室内空间中扩散输运的过程，能够根据传染物质在空间中的时空分布定量评估易感人群的暴露水平感染风险，可以用于人员密集场所呼吸道传染病风险评估，并可以结合可能性分析方法与实际案例进行比较和验证，对假设的参数和情景进行假设检验。在实际的人员密集场所中，气流运动的模式往往是多种假设情景的结合，传染物质扩散输运的过程也会受到人员移动等多种因素的影响。同时，对于劳动密集型工厂、企业等大型人员密集场所，需要进行针对性的风险评估方法研究。研究能够考虑多种情景的风险评估方法，以及针对大型人员密集场所的风险估计方法，对人员密集场所呼吸道传染病风险评估有重要意义。

5.5　呼吸道传染病风险评估思路与步骤

根据呼吸道传染病在人员密集场所中传播蔓延的过程，结合 5.2～5.4 节所述的原理和方法，提出人员密集场所呼吸道传染病风险评估思路，包括传染源特征分析、传染物质扩散输运分析和易感人群感染风险分析三个主要部分，如图 5-1 所示。

根据呼吸道传染病风险评估思路，本节进一步提出人员密集场所呼吸道传染病风险评估的方法和步骤，主要如下。

5.5.1　建立风险评估的对象和研究区域

确定传染病传播蔓延的环境条件，包括环境结构、通风模式、气流运动状态

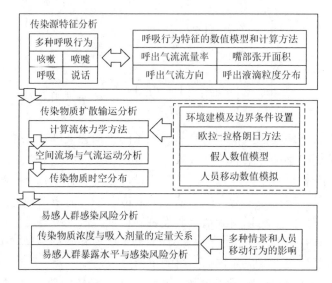

图 5-1　呼吸道传染病风险评估思路

和热环境；建立数值计算模型，包括研究区域的大小和结构、通风设施的大小和位置、通风气流速度、环境温度、环境湿度及各个边界的热边界条件。

5.5.2　传染源特征分析

确定病源患者的呼吸行为，选择咳嗽、喷嚏、呼吸、说话中的某一种行为或者某几种行为的组合，作为病源患者的呼吸行为；确定病源患者的呼吸特征，包括呼出气流流量率、呼出气流方向、嘴部张开面积；确定传染物质的释放过程，确定呼出液滴的粒度分布。

5.5.3　传染物质扩散输运分析

确立所研究的情景假设，确定研究区域内的气流运动状态，分析影响因素和影响程度；选定适当的数值计算方法，包括湍流模型、壁面沉淀模型及其他计算流体力学模型和算法等；将所选定的传染源特征作为输入条件，导入数值计算模型当中；对传染物质扩散输运过程进行数值模拟，分析传染物质扩散输运的过程，计算传染物质在空间内的时空分布。

5.5.4　易感人群感染风险分析

确定疾病的病理特征和对应参数，特别是对流感、肺结核、SARS 等疾病确定传染物质中的病原体浓度、存活分数和感染性；根据室内环境中液滴的时空分布，计算出易感人群呼吸区域（breathing zone）内液滴体积浓度的时空分布，并根据易感人群呼吸作用的特点，计算出易感人群在一定时间内吸入的空气总量和吸入液滴的总体积；根据液滴的大小，计算液滴在人体呼吸道不同区域内沉淀、吸收的比例；根据液滴中具有感染性的病原体的浓度及病原体的存活性，计算被易感者吸收的病原体的数量，计算易感人群的暴露水平；根据病原体的感染性分析易感人群的风险，计算研究区域内的风险分布。分析其他影响因素对空间风险分布的影响，提出防护措施和改进措施，提出改进建议和方案。

5.6　本章小结

本章根据呼吸道传染病在人员密集场所中传播蔓延的机理，总结了呼吸道传染病风险评估的基本原理与方法。在传染源特征分析方面，总结了咳嗽、喷嚏、呼吸、说话等多种呼吸行为的呼出液滴粒度分布、呼出气流流量率、呼出气流方向和口鼻张开面积等生理特征和空气动力学特征的数值模型，建立了传染源特征的定量描述方法；在传染物质扩散输运分析方面，总结了稳态流场中连续相和离散相物质扩散输运的数值模拟方法，分析了传染物质在空气中扩散输运的主要影响因素；在易感人群感染风险分析方面，总结了剂量-响应模型和可能性分析的方法，建立了传染物质时空分布与易感人群感染可能性的关系，建立了针对易感人群的感染风险评估模型，并通过案例分析和数值分析，研究了流感、肺结核、SARS等多种疾病的病理特征，对感染风险评估模型进行了参数分析，包括传染物质在不同呼吸道区域的沉淀分数、不同疾病病原体在呼出液滴中的浓度、感染性及飘浮在空气中时的存活分数等。

本章建立了涵盖传染源、传播途径和易感人群三个环节的呼吸道传染病风险评估思路，并根据该思路提出了针对易感人群的人员密集场所呼吸道传染病风险的评估方法和步骤。该风险评估思路包括传染源特征分析、传染物质扩散输运分析和易感人群感染风险分析三个主要环节。其中，传染源特征分析主要是分析病源患者呼吸行为的行为特征和释放传染物质的过程，建立病源患者释放传染物质的数值模型，定量描述传染病病源的传染能力；传染物质扩散输运分析主要是对传染物质扩散输运过程进行数值模拟，分析传染物质扩散输运的影响因素，定量计算人员密集场所传染物质时空分布；易感人群感染风险分析主要是评估易感人群的暴露水平和感染风险，评估人员密集场所中的风险分布。

根据所提出的风险评估思路和方法，本章分析了现有分析模型和计算方法的不足，包括喷嚏呼出液滴粒度分布及其影响因素方面的研究不足，人员移动行为对空气流场的影响方面的研究不足，针对多种可能的情景综合评估易感人群感染风险方面的研究不足，以及大型人员密集场所风险评估的研究不足。这些尚未得到充分研究的内容，将在本书后续章节中得到针对性的研究。

参 考 文 献

[1]　Gupta J K，Lin C H，Chen Q. Flow dynamics and characterization of a cough. Indoor Air，2009，19（6）：517-525.

[2]　Gupta J K，Lin C H，Chen Q. Characterizing exhaled airflow from breathing and talking. Indoor Air，2010，20（1）：31-39.

[3]　Gerone P J，Couch R B，Keefer G V，et al. Assessment of experimental and natural viral aerosols. Bacteriological Reviews，1966，30（3）：576-584.

[4]　Zhao B，Zhang Z，Li X T. Numerical study of the transport of droplets or particles generated by respiratory system indoors. Building and Environment，2005，40（8）：1032-1039.

[5]　Gao N P，Niu J L. Transient CFD simulation of the respiration process and inter-person exposure assessment. Building and Environment，2006，41（9）：1214-1222.

[6]　Nicas M，Nazaroff W W，Hubbard A. Toward understanding the risk of secondary airborne infection：emission of respirable pathogens. Journal of Occupational and Environmental Hygiene，2005，2（3）：143-154.

[7]　Gralton J，Tovey E，McLaws M L，et al. The role of particle size in aerosolised pathogen transmission. Journal of Infection，2011，62（1）：1-13.

[8]　Lu Q Q. An approach to modeling particle motion in turbulent flows .1. homogeneous，isotropic turbulence. Atmospheric Environment，1995，29（3）：423-436.

[9]　Mashayek F. Stochastic simulations of particle-laden isotropic turbulent flow. International Journal of Multiphase Flow，1999，25（8）：1575-1599.

[10]　Snyder W H，Lumley J L. Some measurements of particle velocity autocorrelation functions in a turbulent flow. Journal of Fluid Mechanics，1971，48（01）：41-71.

[11]　Holmberg S，Li Y G. Modelling of the indoor environment-particle dispersion and deposition. Indoor Air—International Journal of Indoor Air Quality and Climate，1998，8（2）：113-122.

[12]　Wan M P，Sze To G N，Chao C Y H，et al. Modeling the fate of expiratory aerosols and the associated infection risk in an aircraft cabin environment. Aerosal Science and Technology，2009，43（4）：322-343.

[13]　Chao C Y H，Wan M P，Sze To G N. Transport and removal of expiratory droplets in hospital ward environment. Aerosal Science and Technology，2008，42（5）：377-394.

[14]　Chao C Y H，Wan M P. A study of the dispersion of expiratory aerosols in unidirectional downward and ceiling-return type airflows using a multiphase approach. Indoor Air，2006，16（4）：296-312.

[15]　Wang J，Chow T T. Numerical investigation of influence of human walking on dispersion and deposition of expiratory droplets in airborne infection isolation room. Building and Environment，2011，46（10）：1993-2002.

[16]　Maxey M R，Riley J J. Equation of motion for a small rigid sphere in a nonuniform flow. Physics of Fluids，1983，26（4）：883-889.

[17]　Zhang Z，Chen Q. Comparison of the eulerian and lagrangian methods for predicting particle transport in enclosed spaces. Atmospheric Environment，2007，41（25）：5236-5248.

[18]　ANSYS. ANSYS fluent theory guide. Canonsburg：ANSYS Inc.，2010.

[19]　Shih Y C，Chiu C C，Wang O. Dynamic airflow simulation within an isolation room. Building and Environment，2007，42（9）：3194-3209.

[20]　Mazumdar S，Yin Y G，Guity A，et al. Impact of moving objects on contaminant concentration distributions in an inpatient ward with displacement ventilation. HVAC&R Research，2010，16（5）：545-563.

[21]　Wan M P，Chao C Y H，Ng Y D，et al. Dispersion of expiratory droplets in a general hospital ward with ceiling mixing type mechanical ventilation system. Aerosol Science and Technology，2007，41（3）：244-258.

[22]　Choi J I，Edwards J R. Large-eddy simulation of human-induced contaminant transport in room compartments. Indoor Air，2012，22（1）：77-87.

[23]　Choi J I，Edwards J R. Large eddy simulation and zonal modeling of human-induced contaminant transport. Indoor Air，2008，18（3）：233-249.

[24]　Chen Q. Comparison of different k epsilon models for indoor air flow computations. Numer Heat Tr B-fund，1995，28（3）：353-369.

[25]　Zhang Z，Zhai Z Q，Zhang W，et al. Evaluation of various turbulence models in predicting airflow and turbulence in enclosed environments by CFD：Part 2-comparison with experimental data from literature. HVAC&R Research，2007，13（6）：871-886.

[26]　Thai Z Q，Zhang W，Zhang Z，et al. Evaluation of various turbulence models in predicting airflow and turbulence in enclosed environments by CFD：part 1-Summary of prevalent turbulence models. HVAC&R Research，2007，13（6）：853-870.

[27]　Zhang Z，Chen X，Mazumdar S，et al. Experimental and numerical investigation of airflow and contaminant transport in an airliner cabin mockup. Building and Environment，2009，44（1）：85-94.

[28]　Wan M P，Chao C Y H，Ng Y D，et al. Dispersion of expiratory droplets in a general hospital ward with ceiling mixing type mechanical ventilation system. Aerosal Science and Technology，2007，41（3）：244-258.

[29]　Mangili A，Gendreau M A. Transmission of infectious diseases during commercial air travel. The Lancet，2005，365（9463）：989-996.

[30]　DeHart R L. Health issues of air travel. Annual Review of Public Health，2003，24：133-151.

[31]　Gendreau M. Tuberculosis and air travel：guidelines for prevention and control，3rd edition. Perspect Public Health，2010，130（4）：191.

[32]　McFarland J W，Hickman C，Osterholm M T，et al. Exposure to mycobacterium-tuberculosis during air-travel. The Lancet，1993，342（8863）：112-113.

[33]　Sze To G N，Chao C Y H. Review and comparison between the Wells-Riley and dose-response approaches to risk assessment of infectious respiratory diseases. Indoor Air，2010，20（1）：2-16.

[34]　Bennett D H，McKone T E，Evans J S，et al. Defining intake fraction. Environmental Science & Technology，2002，36（9）：207-216.

[35]　Yin S，Sze-To G N，Chao C Y H. Retrospective analysis of multi-drug resistant tuberculosis outbreak during a flight using computational fluid dynamics and infection risk assessment. Building and Environment，2012，47：50-57.

[36]　Sze To G N，Wan M P，Chao C Y H，et al. A methodology for estimating airborne virus exposures in indoor environments using the spatial distribution of expiratory aerosols and virus viability characteristics. Indoor Air，2008，18（5）：425-438.

[37]　Loudon R G，Brown L C. Cough frequency in patients with respiratory disease. American Review of Respiratory Disease，1967，96（6）：1137-1143.

[38]　Hinds W C. Aerosol Technology. New York：John Wiley & Sons Inc.，1999.

[39]　ICRP. Human respiratory tract modal for radiological protection. Tarrytown，NY：Elsevier Science，Inc.，1994.

[40] Douglas R G. Influenza in man //Kilbourne E D. The Influenza Viruses and Influenza. New York: Academic Press, 1975: 375-447.

[41] Sims A C, Baric R S, Yount B, et al. Severe acute respiratory syndrome coronavirus infection of human ciliated airway epithelia: role of ciliated cells in viral spread in the conducting airways of the lungs. Journal of Virology, 2005, 79 (24): 15511-15524.

[42] Sims A C, Burkett S E, Yount B, et al. SARS-CoV replication and pathogenesis in an in vitro model of the human conducting airway epithelium. Virus Research, 2008, 133 (1): 33-44.

[43] Murphy B R, Chalhub E G, Nusinoff S R, et al. Temperature-sensitive mutants of influenza virus. 3. Further characterization of the ts-1 influenza A recombinant (H3N2) virus in man. Journal of Infectious Diseases, 1973, 128 (4): 479-487.

[44] Yeager H, Lacy J, Smith L R, et al. Quantitative studies of mycobacterial populations in sputum and saliva. American Review of Respiratory Disease, 1967, 95 (6): 998-1004.

[45] Cole E C, Cook C E. Characterization of infectious aerosols in health care facilities: an aid to effective engineering controls and preventive strategies. American Journal of Infection Control, 1998, 26 (4): 453-464.

[46] Yang W, Elankumaran S, Marr L C. Relationship between humidity and influenza a viability in droplets and implications for influenza's seasonality. Plos One, 2012, 7 (10): e46789.

[47] Schaffer F L, Soergel M E, Straube D C. Survival of airborne influenza virus: effects of propagating host, relative humidity, and composition of spray fluids. Archives of Virology, 1976, 51 (4): 263-273.

[48] Kariwa H, Fujii N, Takashima I. Inactivation of SARS coronavirus by means of povidone-iodine, physical conditions, and chemical reagents. Japanese Journal of Veterinary Research, 2004, 52 (3): 105-112.

[49] Rabenau H F, Cinatl J, Morgenstern B, et al. Stability and inactivation of SARS coronavirus. Medical Microbiology and Immunology, 2005, 194 (1-2): 1-6.

[50] Jao R L, Wheelock E F, Jackson G G. Interferon study in volunteers infected with Asian influenza. Journal of Clinical Investigation, 1965, 44 (6): 1062.

[51] Teunis P F M, Brienen N, Kretzschmar M E E. High infectivity and pathogenicity of influenza A virus via aerosol and droplet transmission. Epidemics, 2010, 2 (4): 215-222.

[52] Murphy B, Sly D, Hosier N, et al. Evaluation of three strains of influenza A virus in humans and in owl, cebus, and squirrel monkeys. Infection and Immunity, 1980, 28 (3): 688-691.

[53] Clements M L, Odonnell S, Levine M M, et al. Dose response of A/Alaska/6/77 (H3N2) cold-adapted reassortant vaccine virus in adult volunteers: role of local antibody in resistance to infection with vaccine virus. Infection and Immunity, 1983, 40 (3): 1044-1051.

[54] Clements M L, Betts R F, Murphy B R. Advantage of live attenuated cold-adapted influenza A virus over inactivated vaccine for A/Washington/80 (H3N2) wild-type virus infection. The Lancet, 1984, 1 (8379): 705-708.

[55] Murphy B R, Clements M L, Madore H P, et al. Dose response of cold-adapted, reassortant influenza A/California/10/78 virus (H1N1) in adult volunteers. Journal of Infectious Diseases, 1984, 149 (5): 816-816.

[56] Snyder M H, Clements M L, Betts R F, et al. Evaluation of live avian-human reassortant influenza A H3N2 and H1N1 virus vaccines in seronegative adult volunteers. Journal of Clinical Microbiology, 1986, 23 (5): 852-857.

[57] Sears S D, Clements M L, Betts R F, et al. Comparison of live, attenuated H1N1 and H3N2 cold-adapted and avian-human influenza A reassortant viruses and inactivated virus vaccine in adults. Journal of Infectious Diseases, 1988, 158 (6): 1209-1219.

[58] Youngner J S, Treanor J J, Betts R F, et al. Effect of simultaneous administration of cold-adapted and wild-type

influenza A viruses on experimental wild-type influenza infection in humans. Journal of Clinical Microbiology，1994，32（3）：750-754.

[59]　Carrat F，Vergu E，Ferguson N M，et al. Time lines of infection and disease in human influenza：a review of volunteer challenge studies. American Journal of Epidemiology，2008，167（7）：775-785.

[60]　Watanabe T，Bartrand T A，Omura T，et al. Dose-response assessment for influenza A virus based on data sets of infection with its live attenuated reassortants. Risk Analysis，2012，32（3）：555-565.

[61]　Wareing M D，Tannock G A. Live attenuated vaccines against influenza：an historical review. Vaccine，2001，19（25-26）：3320-3330.

[62]　Alford R H，Kasel J A，Gerone P J，et al. Human influenza resulting from aerosol inhalation. Proceedings of the Society for Experimental Biology and Medicine，1966，122（3）：800-804.

[63]　雷杰，谢淑云. 1 起 SARS 暴发传播链调查案例分析. 预防医学文献信息，2004，（1）：125-128.

[64]　郭业海，陈仕保，丁丽平，等. 山东省莱芜市一起学校 B 型流感爆发的调查报告. 疾病监测，2007，（6）：427.

[65]　Nyka W. Studies on the infective particle in airborne tuberculosis. I. observations in mice infected with a bovine strain of M. tuberculosis. American Review of Respiratory Disease，1962，（85）：33-39.

[66]　Yang Z Y，Kong W P，Huang Y，et al. A DNA vaccine induces SARS coronavirus neutralization and protective immunity in mice. Nature，2004，428（6982）：561-564.

[67]　Subbarao K，McAuliffe J，Vogel L，et al. Prior infection and passive transfer of neutralizing antibody prevent replication of severe acute respiratory syndrome coronavirus in the respiratory tract of mice. Journal of Virology，2004，78（7）：3572-3577.

[68]　Sze To G N，Chao C Y H. Use of risk assessment and likelihood estimation to analyze spatial distribution pattern of respiratory infection cases. Risk Analysis，2011，31（3）：351-369.

第6章 室内污染物的人员暴露风险评估

6.1 概　　述

本书第 3、4 章围绕人员移动非稳态条件下人体与环境间的传热及流场作用效果分别进行了实验和数值模拟研究，获得了人体表面对流换热系数及混合换热模式与运动条件（运动速度、人体与环境间温差等）的定量关系，并通过实验数据验证的方法分析得出了适用于非稳态湍流模拟的大涡模拟方法。本章将应用前几章的结论和方法，进一步结合室内人行为（occupant behavior，OB）模拟方法，模拟分析在室外由火灾导致的空气质量恶劣的情况下，室内人员在日常工作时段内的污染物暴露风险。

6.1.1　案例的选取与分析

本章选取的案例背景为 2017 年 10 月 8 日晚（美国西部时间）发生在美国西海岸加州北部湾区 Napa 县和 Sonoma 县周边的大规模山火，火势持续了一周有余，造成近 40 人丧生，1000 余人失踪，大火覆盖了 750 多 km^2 地区，造成了数亿美金的财产损失。由于大火燃烧过程中释放出大量的有毒有害气体和烟尘颗粒物，火灾附近地区的空气指数上升至历史新高，周边一些人口较多的城市（如旧金山、伯克利等）虽然没有受到火灾的直接威胁，但仍然处于空气极度污染的环境中。现有很多研究表明，患有哮喘、心脏病或慢性阻塞性肺病的人群，以及老人和儿童等抵抗力较弱的群体，在此类环境中暴露过长时间将诱发严重的呼吸道或心肺功能紊乱等疾病[1, 2]；火灾所引发的烟雾环境还将对孕妇及胎儿的健康造成一定的影响，引发早产、胎儿体重偏低等结果[3, 4]。大数据显示，山火发生期间，附近地区的医院就诊率有明显的提升[5]。根据旧金山湾区当地空气质量监测的结果[6, 7]，火灾发生后一周内几种污染气体和颗粒物的浓度监测结果如表 6-1 所示。可以发现，在这次山火持续的一周时间内，室外空气中 $PM_{2.5}$ 颗粒物浓度最高已经超过 210 $\mu g/m^3$，有毒气体中以二氧化硫最为严重，浓度已经超过 200 ppb（1 ppb = 1×10^{-9}），达到重度污染水平。虽然室外空气质量指数值在很大程度上反映了受灾区域内人群的整体感染风险水平，但人日常 87%以上的时间均在室内环境中活动[8]，因此，对室内环境空气质量的预测和评估将更能反映不同人群在灾害环境背景条件下的实际暴露风险。

表 6-1　室外 SO$_2$、CO、O$_3$ 及 PM$_{2.5}$ 的监测浓度（旧金山，2017 年 10 月 8～14 日）

污染物	10 月 8 日	10 月 9 日	10 月 10 日	10 月 11 日	10 月 12 日	10 月 13 日	10 月 14 日
SO$_2$（ppb）	65.90	89.49	—	—	248.93	439.05	345.92
CO（ppm）	0.80	1.19	—	1.29	1.83	2.84	2.29
O$_3$（ppb）	12.72	25.49	31.40	33.54	76.57	92.08	50.48
PM$_{2.5}$（μg/m^3）	86.30	115.30	214.70	—	91.97	212.49	179.40

　　根据美国国立卫生研究院的报告，影响室内空气质量（indoor air quality，IAQ）的三个主要因素分别为：人员室内行为、建筑结构及性能和污染物质属性，其中，以人员室内行为这一因素最为灵活和复杂[9]。人员在室内的行为主要有开关窗[10, 11]、启动和关闭空调[12]、行走及进出房间[13]等，这些行为将通过改变室内环境的边界条件，进而影响室内空气流场的变化（速度、浓度等），最终导致室内污染物浓度的上升或下降，作用于室内人员不同程度的暴露风险。在以往对于室内环境的研究中，大多数研究专注于单种行为对于室内流场及污染浓度影响细节的变化规律，以基础实验或数值模拟特殊工况的方法开展。例如，在本书的前几章，作者分别围绕人员移动行为引起的周围流场及混合对流换热效果开展了一系列实验和数值模拟研究[14, 15]；还有一些研究围绕着自然通风[16, 17]和空调制冷运行[18]状态下，室内空气流场及环境质量的循环和变化规律展开了实验和数值模拟研究。然而，人员室内行为是复杂且多样的，一方面，其取决于人体对于室内外环境的综合判断，另一方面，多种行为的作用效果及持续时间共同决定了污染物暴露浓度及暴露时长，最终决定了暴露风险。因此，为了评估室内人员在较长时间段内的污染物暴露风险，有必要结合多种人行为模式的综合分析结果，对人员在一段时间内其周围流场与浓度场的变化情况进行模拟分析。

6.1.2　案例研究思路

　　目前在人行为模拟研究领域，比较流行的一种方法为采用全建筑模拟（whole building simulation）和人行为功能模块进行联合模拟（co-simulation）的方法来获得在特定室外环境下的室内多种人行为模式及其对室内环境的宏观调节效果。其中，全建筑性能模拟最为权威的软件为 EnergyPlus，是由美国劳伦斯伯克利国家实验室（LBNL）与能源部（United States Department of Energy，DOE）联合研发的建筑能耗模拟引擎，可以对室内的供热、制冷、通风和照明等工况进行全面的能耗模拟研究。而对于人行为功能的接入，目前比较流行的为美国劳伦斯伯克利国家实验室开发的一款模块单元（occupant behavior function mockup unit，obFMU），其主要基于人员行为的"驱动-需求-动作-系统"（DNAS）框架，对人行为进行定量的描述和预测，取代了以往固定作息的描述。有关人行为功能模块的介绍将在 6.2.1 节中具体阐述。

图 6-1 展示了本章的研究思路。首先，在全建筑模拟和人行为功能模块两者间的联合模拟过程中，人员行为决策与室内环境信息（如温度、湿度、照度、浓度等）将在两个模块之间不断更新和交互，并最终模拟获得在特定的室外环境（温湿度、风速风向等）条件下，室内人员在不同时间的行为模式（如开关窗、启动和关闭空调、行走及进出房间等），以及相应的室内环境水平。但由于 EnergyPlus 的模拟结果仅获得室内温度和浓度的整体水平，并不关注室内流场及污染气体扩散规律的细节，因此，本研究将沿用第 5 章的数值模拟方法，采用 Fluent 软件对室内人员周围的温度分布、流场分布及污染气体浓度分布进行模拟研究，通过编写 C 语言程序完成用户自定义功能（user defined function，udf），从而使获得的多种人行为模式在计算流体力学的模拟过程中得以实现。在模拟获得室内人员所在环境的温度分布、流场分布及污染气体浓度分布结果后，对照于空气质量指数的定量评估标准，进一步评价室内人员在一天之中的瞬态和平均暴露风险。

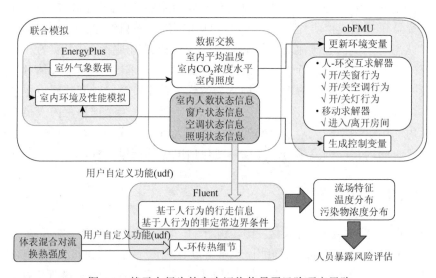

图 6-1　基于人行为的室内污染物暴露风险研究思路

整个评估过程给出了人行为对室内流场及浓度分布的影响，实现了考虑人行为的、更贴近实际情况的室内环境质量评估过程。研究成果将为如何在火灾、危化品泄漏等室外灾害事故下降低室内人员的暴露风险提供可行性策略，为室内人员行为决策评估提供理论依据，并为进一步的人体呼吸道损伤评估研究提供实时的入口边界条件。

6.2　人行为模拟方法

6.2.1　描述人行为的 DNAS 框架及模型

对人行为的定量描述主要建立于描述人行为产生过程的 DNAS 框架。图 6-2 所示为 DNAS 框架示意图，其中 D、N、A、S 四个字母分别表示 drivers（驱动）、needs（需求）、action（动作）及 system（系统），为模拟过程中描述人行为节点的 4 个关键元素，模拟了人员如何根据自身的感知状况，产生行为意识，采取相应行动并最终影响室内系统的运动状态的全过程。驱动节点定义了人员产生不同行为的习惯和环境背景条件，包括时间（季节、月份、一天中的时间等）、室内外环境、室内人员作息和嗜好习惯及发生事件要求等。需求节点定义了室内人员对环境中物理参数的要求，如热感受、声音强度、光照明暗程度及空气质量等。动作节点定义了人员在建筑内的操作行为，如窗、空调、灯光的开关调节及相应的调节程度[19]。系统节点定义了基于人员操作的建筑设备状态，如窗口进风的温度、速度和方向，空调出风的温度、速度和方向，灯光的瓦数等。进一步地，采用定量描述人行为的国际标准扩展标示语言框架 obXML Schema 对以上 DNAS 框架进行描述，最终形成可以与已有的建筑模拟软件联合仿真的建筑内人行为模拟模块。

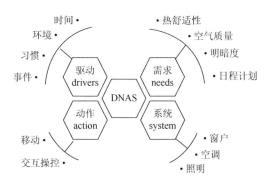

图 6-2　描述人行为产生过程的 DNAS 框架

本研究选取室内人行为中典型的 4 种行为模式，即开关窗行为、启动和关闭空调行为、开关灯行为，以及人员行走及进出房间的行为。基于人员对室内外环境的综合感官判断及采取相应行为的可能性概率，分别选用如下所述的 3 种模型对一天中相应行为的产生时间段进行模拟预测。①采用 Newsham 的开窗模型[20]

对室内人员开关窗行为进行判断：当人员初到房间或室外温度适宜时（与模拟日当天室外天气条件有关，由 EnergyPlus 的天气文件读取并在软件中计算），产生开窗行为；当室内人员离开房间或室外温度不适宜时，产生关窗行为。②采用 Haldi 的开灯模型[21]对室内人员开关灯行为进行判断：当人员初到房间或感觉室内照度不够时，产生开灯行为；当室内人员从房间离开时，产生关灯行为。③采用 Chen 等的人员移动随机模型[22]对室内人员行走及进出房间行为进行判断：除了上下班及午休时间将产生相应的进出房间行为外，还根据房间属性及工作人员性质，设定人员进出房间的概率；同时，进出房间将引发相应的室内行走行为。上述 3 种人行为模型已经通过实测数据进行了多次验证和更新，并在以往研究中得到了广泛的应用[23-25]。除了以上使用的 3 种人行为判定模型，还需要说明的是，由于本研究模拟的场景为夏季炎热气候，因此启动和关闭空调的判断将采用与开窗模型关联的逻辑条件，即当关窗且室内人员由于温度过高感到不舒适时，将产生启动空调的行为；当室内人员对室内空气环境产生不舒适感时（如室内人数较高、二氧化碳浓度较高等），将产生关闭空调、打开窗户的行为。

6.2.2　人行为模拟的场景设置及结果

本研究设定的模拟场景为在一间办公室中有两名工作人员，两人工作属性不同，其中一人（A）保持在电脑前的工作状态，另一人（B）以助理身份工作，需要不定期出入房间完成沟通和交换材料等工作。室内人员工作时间（即模拟时间）为从上午 9:00 到下午 6:00。选取火灾发生后室外污染气体监测浓度最高的一天，即 2017 年 10 月 13 日的旧金山室外气象条件作为 EnergyPlus 软件的输入条件，采用上述的 3 种人行为模型对室内 4 种人行为的产生进行判断，通过 EnergyPlus 和 obFMU 联合模拟的方法，最终获得该特定室外环境条件下，室内温度环境、4 种人行为模式，以及相应建筑设备的物理参数。

图 6-3 所示为 4 种人行为模式在一天中的分布情况。在开窗或启动空调期间，相应入口气流的速度、温度和方向等物理参数的瞬时值均由 EnergyPlus 和 obFMU 联合模拟获得，并进一步在流场模拟环节通过编写 udf 作为边界条件植入 Fluent 中。开灯时灯光的热量也同样获得并代入应用。另外，室内人数由 1 变为 2 的时刻表示人员进入房间并移动到办公桌的瞬间，相反则表示人员由办公桌移动至门口并走出房间的瞬间。图 6-4 显示了模拟时间段中，室外及室内平均温度随时间的变化规律。其中，室内温度的变化规律将与通过计算流体力学方法模拟获得的室内温度变化进行对比，旨在验证该联合模拟获得的室内人行为模式在相同环境下的 Fluent 模拟中应用的合理性。

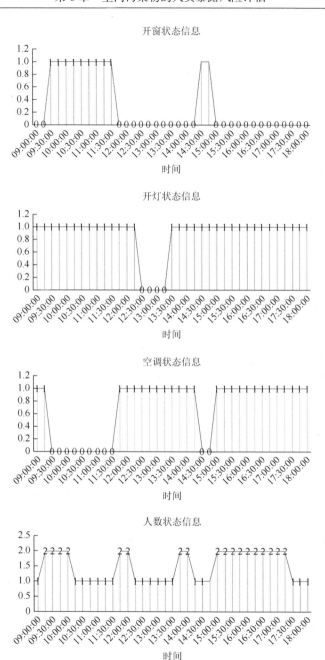

图 6-3　4 种人行为模式在一天中的时间分布

开窗、开灯、空调状态信息中，0 表示关闭，1 表示开启；人数状态信息中，1、2 均表示人数

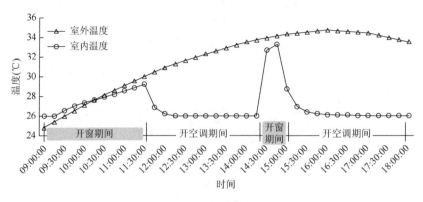

图 6-4　室内外平均温度的变化情况

6.3　室内流场模拟方法

6.3.1　计算区域的建立与模拟

使用 Gambit（2.4.6）建立计算区域并对其进行网格划分。图 6-5 所示为计算区域及内部设备位置的示意图，通过 Gambit 建立后由 Tecplot 软件后期处理生成。房间区域的整体尺寸为 5 m×4 m×3 m（长×宽×高），在房间一侧放有两张尺寸为 1.5 m×1 m×1 m（长×宽×高）的办公桌，工作人员 A 坐在办公桌前，工作人员 B 为站立状态，身高为 1.75 m，在模拟中将往返于房间的中轴线上，两人均具有基本的外形特征。房间有两扇窗，均位于靠近人员 A 的同一面墙上，尺寸为 1.55 m×1.45 m（宽×高）；房间的门位于人员 B 的运动轨道终端，尺寸为 1 m×2 m（宽×高）。照明的灯泡位于房间的天花板中央，尺寸为 0.1 m×0.1 m（长×宽）；空调出风口位于房间侧壁的上部，回风口位于房间底部，尺寸均为 0.3 m×0.2 m（宽×高），空调的送风方式为侧送下回，有利于室内气流组织的充分循环。

该算例中涉及人员移动的模拟，因此沿用第 5 章使用的动静网格结合的划分原则，将以上计算区域划分为动网格和静网格区域，以降低流场模拟的计算时长。其中，动网格区域为人员的运动轨迹区域，采用四面体非结构化网格对区域进行网格划分，最大网格尺寸为 0.005 m，同时，对贴近运动人体的部分进行加密处理，最小网格体积为 $2.64×10^{-9}$ m^3。对动网格区域采用动态分层模型（dynamic layering meshing scheme）实现动网格的更新，即通过在运动边界上逐层增加或删减网格，并根据运动表面的属性确定更新网格的尺寸[26]。其他区域为静网格区域，采用结构化六面体网格划分，最大网格尺寸为 0.01 m。通过网格独立性分析，最终选取网格数为 11998719 的网格系统对该算例进行数值模拟。另外，为了保证在应用近壁面模型时墙壁单位数（wall unit）Y 在合适的范围内[27]，调整近壁区域的网格密度为 0.005 m。

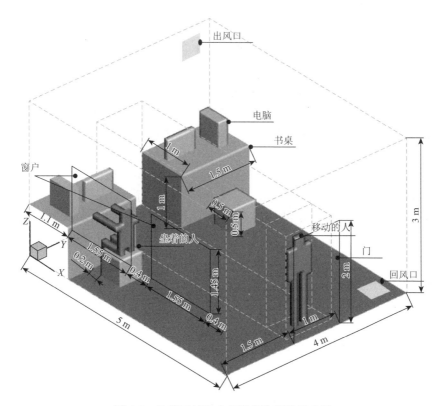

图 6-5　计算区域及内部设备位置的示意图

在数值模拟的模型选择中，综合考虑大涡模拟和雷诺平均模拟方法的适用性后，采用两种模拟方法结合的方法对流场进行模拟。即对于人员运动阶段，选择大涡模拟方法更好地刻画运动人员周围的流场特征；而对于人员静止状态，选择雷诺平均方法以减小对模型的计算量。两种模拟方法的具体设置均与第 5 章中描述的相同。在数值模拟过程中，根据动态层的要求设置时间步长，即在人员运动过程中，设置迭代步长为 0.1 s，在人员静止状态下，设置迭代步长为 1 s。

6.3.2　人行为功能的 udf 嵌入

在 6.2 节中具体描述了如何通过 EnergyPlus 与 obFMU 联合模拟的方法获得人行为模式，结果包括：①人员对窗、空调、灯等设备的操作时段信息（图 6-3）；②相应设备的瞬时性能参数（如窗户和空调进风口气流速度、温度等）；③人员行走行为的时间信息。为了将这些信息体现在室内环境模拟的边界条件设置中，进而模拟在人行为基础上的室内环境，本研究采用 Fluent 软件中的用户自定义功能（udf）模块，编写 C 语言程序，最终实现了基于人行为模式的室内环境模拟评估。

一方面，将人行为模拟获得的各设备瞬时性能参数，包括窗户进风气流的瞬时速度和温度、空调出风口气流的瞬时速度和温度、灯泡的瞬时热量等，以及本书第 2 章推导获得的人体在混合对流换热模式下与环境间的总对流换热系数，一并通过 udf 写入 Fluent 的边界条件设定中。窗户入口气流中各污染物气体的浓度比例由当日室外空气质量的监测结果计算获得（表 6-1）；空调出风口气流中各污染物气体的浓度比例与该时刻空调进风口附近的浓度比例有关，本研究认为空调的净化能力为 0.4，即出风口释放的混合气体中污染气体的浓度是室内污染气体浓度的 40%。另一方面，将人行为模拟获得的人员行走结果通过编写 udf 的方法改变人员运动的方向，即实现人员从办公桌到门的往返行走。

在完成 Fluent 基本设置和 udf 嵌入设置后，对算例启动计算。运算过程中，使用八节点计算机集群，每个节点有 8 个处理器（Intel 2.4 GHz 64 位处理器），内存为 4 GB。整个算例计算耗时约为 200 h。

6.4　结果与讨论

6.4.1　两种模拟环境的一致性检验

根据前面对人行为 DNAS 理论的描述，人行为的产生与其所处时刻的室内外环境有着密切的关系，当环境条件发生变化，室内人员做出相应行为的概率也会随之变化。因此在本案例研究中，判断能否将通过联合模拟获得的人行为模式及相应设备的物理参数应用于流场模拟中的一个重要因素即为：两种模拟环境是否相同。考虑到室内温度在很大程度上影响着人员开关窗和控制空调行为的发生，因此选取室内温度这一物理参数对两种模拟环境的一致性进行评估。图 6-6 所示为模拟时间段中，EnergyPlus 和 Fluent 分别获得的室内平均温度随时间的变化规律。由于 EnergyPlus 和 Fluent 模拟的时间步长不同，为了方便对比，选取每 15 min 的数据点绘制成曲线并进行对比。

对比发现，两种模拟环境中的室内温度的变化特征基本相似。在 9:00 am 至 11:30 am 的开窗期间，室内温度从 26℃左右缓慢上升至 29.2℃左右。在关窗并启动空调一段时间后，室温维持在设定的 26℃左右。同理，在下午的一系列行为发生之后，两者的室温变化规律也基本相似，说明 Fluent 的流场模拟结果并没有出现与人行为模式相悖的情况，进而验证了联合模拟获得的室内人行为模式在相同环境下的 Fluent 模拟中应用的合理性。

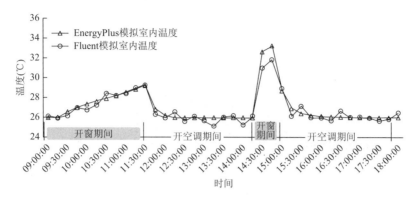

图 6-6　EnergyPlus 和 Fluent 获得的室内平均温度随时间的变化规律

6.4.2　实测数据对模拟结果的验证

本研究中的实测数据由美国劳伦斯伯克利国家实验室中的室内环境组采集并提供，测量数据主要包括此次山火爆发前后室内及室外臭氧（O_3）的浓度。数据的采集地点为位于劳伦斯伯克利实验室第 51 号楼内的一间办公室，办公室内的工作人员在测量期间仍然保持常规的工作状态。该实验室的空间结构和其内人员的工作模式均与本案例设定的存在偏差，测量过程的具体细节也没有完全公布，因此本节的对比中不对实测和模拟结果进行逐时的对比，而是选取室内污染物浓度数据结果的平均值和最大值作为指标，对模拟获得的室内污染物浓度的平均水平与实际测量结果进行对比分析。

图 6-7 所示为实测和模拟获得的室内外臭氧浓度随时间的变化情况。实测结果显示，一天之中室内臭氧浓度的波动较大，最大差值约为 35 ppb。在山火爆发的一周内，室内臭氧浓度的平均值约为 18 ppb，最大值为 2017 年 10 月 12 日测量到的 47.97 ppb，当日室外臭氧浓度值约为 76 ppb，达到一周内的较高水平。而对于模拟结果，由于人行为的作用效果，模拟得到的臭氧浓度分布在一天之中的波动也较大，最大值达到 50 ppb，相比实测结果高约 4%；平均浓度值为 22.07 ppb，相比实测结果高 18%。结果出现偏差的原因可能是由于臭氧具有较高的氧化性，其在室内扩散的过程中较容易与接触的物质表面发生反应[28]，而由于在模拟过程中没有考虑化学反应这一因素，故臭氧的测量值一般会较模拟值偏低。

通过对比可以认为，在相同的室外环境条件下，通过本研究提出的基于人行为模拟的室内污染物水平评估方法，获得的室内污染物平均浓度水平与真实人员办公室的平均浓度水平一致，因而验证了本研究方法的可靠性。

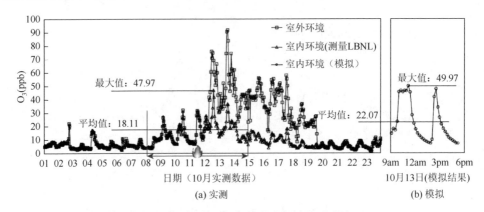

图 6-7　实测和模拟获得的室内外臭氧浓度水平

6.4.3　多种人行为对室内流场及浓度分布的影响

人体口鼻前平面的污染物浓度相比于其他平面更能直接影响人体的吸入剂量，因此本研究选取静坐人体口鼻前的平面（$x = 1.25$ m）作为其呼吸感染的可能区域，重点关注室内人员采取不同行为后该平面上的流场及浓度分布情况。根据表 6-1 所示的室外污染物监测浓度可以发现，在山火释放的多种污染物中，二氧化硫的浓度相对最高，其对人体可能造成的威胁最大。

图 6-8（a）～（f）所示依次为开窗行为发生之后 40 s、120 s、180 s、500 s、1000 s 和 1800 s 时口鼻前平面的流场和二氧化硫浓度分布情况。可以发现，室外空气中的二氧化硫气体随着窗户的进风气流不断向室内扩散。在窗户的上下两个边缘处分别形成上卷流和下卷流 [图 6-8（b）]，分别带动气流向房间的顶部和底部运动，促进了气体进入房间后在竖直方向上的进一步扩散。由于静坐人员距离窗户位置较近，在开窗行为发生约 10 min 后，该人员口鼻前小范围内的二氧化硫浓度即达到了 900 $\mu g/m^3$ 的较高浓度水平 [图 6-8（c）]。结合窗户入口气流的速度设定条件（由 EnergyPlus 根据当日室外天气数据模拟获得），对比二氧化硫气体扩散进入房间的过程还发现，污染气体的扩散过程受到窗户入口气流速度的影响：当气流速度较大时，二氧化硫气体主要呈现为沿水平方向的扩散趋势 [图 6-8（e）]；当气流速度相对较小时，气体在水平方向上的扩散速率减慢，同时呈现垂直方向上扩散的趋势 [图 6-8（c）]。但总的来说，开窗过程中窗户所在高度位置上的二氧化硫浓度始终高于其他高度位置的浓度。最终，在开窗行为产生约 30 min 之后，人体口鼻前平面上各处的二氧化硫浓度达到相对均一且稳定的状态，平均值为 995 $\mu g/m^3$，约为 348 ppb。

由于模拟过程没有单独考虑另外两种污染气体——臭氧和一氧化碳在室内扩散过程中的化学反应特性，因此在给定室外浓度条件的基础上，结合图 6-8 所示的室内气流运动规律，臭氧和一氧化碳在室内的扩散规律基本与二氧化硫气体表现出的扩散规律一致。最终,在开窗行为产生约 30 min 后,人体口鼻前平面上的臭氧和一氧化碳浓度分别达到 107.08 μg/m³(约 48 ppb)和 1.40 mg/m³(约 1.12 ppm)。

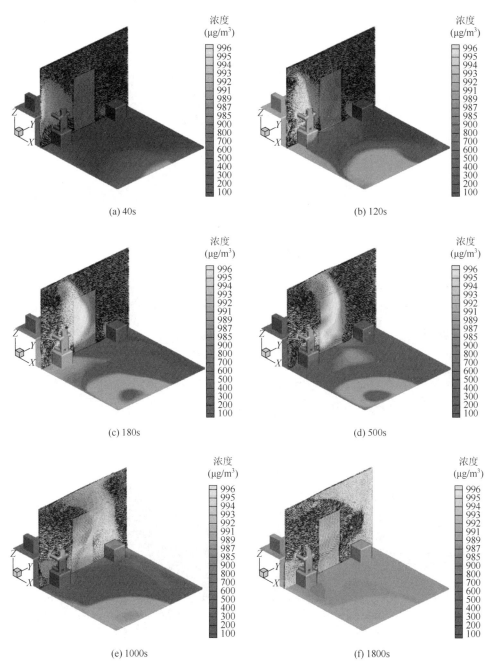

图 6-8　开窗后不同时刻室内口鼻前平面流场及二氧化硫浓度分布

　　图 6-9（a）所示为启动空调后 300 s 时贴近空调出风口平面（$x = 0.35$ m）的流场及二氧化硫浓度分布，图 6-9（b）～（f）依次为开窗行为发生之后 300 s、700 s、1300 s、1700 s 和 6000 s 时口鼻前平面（$x = 1.25$ m）的流场和二氧化硫浓度

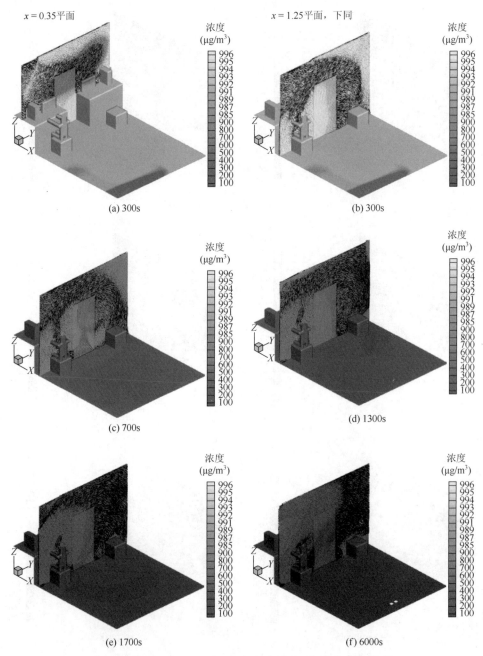

图 6-9　启动空调后不同时刻室内流场及二氧化硫浓度分布

分布情况。可以发现，由空调出风口进入房间的冷空气不断向房间底部扩散，并在口鼻前平面内完成水平和竖直方向的循环。在口鼻前平面内，出风口对应高度位置的污染物浓度相对最低。在启动空调约 20 min 后，口鼻前平面的二氧化硫平均浓度降至约 500 μg/m³，对人体呼吸系统的影响较小。启动空调约 1.5 h 后，整个房间内的二氧化硫平均浓度降至 100 μg/m³ 以下，达到了相对洁净的室内空气水平。

通过开窗和启动空调两种先后行为的对比发现，在室外空气质量较为恶劣的情况下，开窗行为会迅速增加室内的污染气体浓度，增大室内人员的暴露风险，提高呼吸道系统的感染概率。建议保持窗户关闭的状态，或选取带有空气净化功能的空调设备以实现降温和换气功能。

图 6-10（a）和（b）所示分别为人员移动进入和离开房间过程中室内流场及二氧化硫浓度分布情况。可以发现，在运动过程中，运动人员背部后方形成了下旋流，带动房间上方污染物浓度较高的空气向下运动，促进了竖直方向上的混合作用；同时在运动人员两腿缝隙间形成与运动速度相近（1 m/s）的气流运动，促进了水平方向上的空气混合作用，加速了污染物质的扩散速率。这一流场变化规律与第 4 章人员运动实验获得的结论相符。另外，运动人员进入房间并运动至座位的行为增大了静坐人员口鼻前的气流运动速度，提高了污染物质被吸入口鼻的概率。因此，减少室内人员走动及进出房间的频次将在一定程度上减弱污染物质在室内的扩散速率，从而降低室内人员对污染物质的暴露和感染风险。

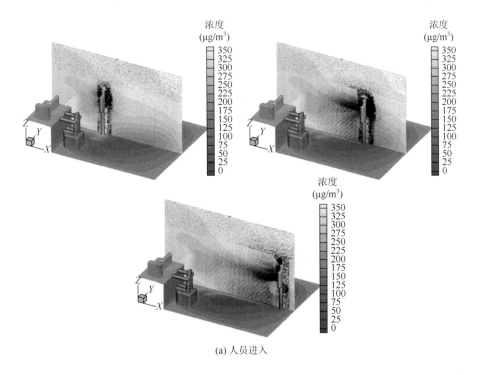

(a) 人员进入

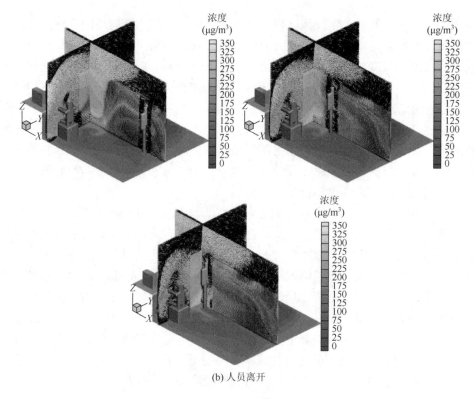

(b) 人员离开

图 6-10　人员进入和离开房间过程中室内流场及二氧化硫浓度分布

6.4.4　室内人员的污染物暴露风险评估

　　室内环境中的污染气体将通过人体的皮肤渗透过程或呼吸道吸入过程对人体产生不同程度的健康损伤，目前很多流行病学研究都开展了相关的研究以建立污染物浓度水平与相应危害的定性及定量关系[29-31]。世界卫生组织 2010 年发布了对室内环境质量评估的标准，结合其前后增补的对一些特殊污染气体的说明，可以将对应于臭氧、二氧化硫、一氧化碳 3 种污染气体和 $PM_{2.5}$ 不同浓度的质量指数等级及相应的对人体健康损伤的评估说明整理于表 6-2 中[28, 32, 33]。因此，在对基于人员行为作用后果的室内污染物质浓度进行模拟后，结合现有比较成熟的室内人员暴露风险评价标准，可以获得最终的室内环境质量指数及相应的健康损伤定性评估。

表 6-2　空气质量指数分级及健康损伤效应的评价标准（臭氧、二氧化硫、一氧化碳及 $PM_{2.5}$）

室内环境质量指数等级	臭氧（ppb）		二氧化硫（ppb）		一氧化碳（ppm）	$PM_{2.5}$颗粒物（μg/m³）
	1 h	8 h	1 h	24 h	8 h	24 h
好 （0～50）	—	0～59 无影响	0～35 无影响	0～30	0～4.4 无影响	0～12.0 无影响
良 （51～100）	—	60～75 敏感人群可能引起不良呼吸症状	36～75 无影响	>30～140	4.4～9.4 无影响	12.1～35.4 在敏感人群中（如恶化的心脏病或肺炎等心肺疾病患者，老人等）可能引起不良呼吸症状
敏感人群不适宜 （101～150）	125～164	76～95	76～185	140～220	9.5～12.4	35.5～55.4
	在敏感人群中（如恶化的心脏病或肺炎等心肺疾病患者，老人和儿童等），引起不良呼吸系统症状（如呼吸困难、哮喘、胸口胀痛）的概率加大					
不健康 （151～200）	165～204	96～115	186～304	220～300	12.5～15.4	55.5～150.4
	在敏感人群中（如恶化的心脏病或肺炎等心肺疾病患者，老人和儿童等），引起不良呼吸系统症状（如呼吸困难、哮喘、胸口胀痛）的概率较大；在正常人群内也会引起呼吸不适等反应					
非常不健康 （201～300）	205～404	116～374	305～604	300～600	15.5～30.4	150.5～250.4
	敏感人群（如恶化的心脏病或肺炎等心肺疾病患者，老人和儿童等）产生不良呼吸系统症状（如呼吸困难、哮喘、胸口胀痛）的概率极大；正常人群的呼吸不适感增强					
有害 （301～500）	405～604	—	605～1004	600～1000	30.5～50.4	250.5～500.4
	敏感人群（如恶化的心脏病或肺炎等心肺疾病患者，老人和儿童等）产生不良呼吸系统症状（如呼吸困难、哮喘、胸口胀痛）的概率加大；正常人群产生呼吸不适感的概率显著增加，容易引起早产等症状，影响胎儿健康					

根据表 6-2 的划分标准，采用式（6-1）计算每种污染气体对应的空气质量指数：

$$I_P = \frac{I_{hi} - I_{lo}}{BP_{hi} - BP_{lo}}(C_P - BP_{lo}) + I_{lo} \tag{6-1}$$

式中，I_P 为对应于污染气体 P 的空气质量指数；C_P 为污染气体 P 的浓度；BP_{hi} 和 BP_{lo} 分别为表 6-2 中高于和低于其浓度值的浓度断点值（breakpoint value）；I_{hi} 和 I_{lo} 分别为对应于 BP_{hi} 和 BP_{lo} 的指数值。在计算获得每种污染气体的空气质量指数后，其中的最大值即为最终的室内空气质量指数[33]。

因此，结合前面模拟获得的每种污染气体的浓度水平，二氧化硫气体的逐时浓度为 348 ppb，一氧化碳气体的逐时浓度为 1.12 ppm，臭氧气体的逐时浓度为 48 ppb。故最终计算得到室内空气质量指数为 215，首要污染气体为二氧化硫气体。在这种室内空气质量状态下，患有哮喘等呼吸道疾病的人群及老人和儿童群体将出现严重的不适症状，产生呼吸困难等常见的呼吸道疾病并发症。

6.5　本　章　小　结

本章基于前面研究获得的方法和数据结果，选取由山火引起的室外空气质量恶劣的实际案例，在考虑室内人行为模式的基础上，分析室内人员在日常工作时间内的污染物暴露风险。首先采用全建筑模拟软件与人行为决策模块相耦合的方法，获得基于室内外环境的人员决策行为信息；将人行为信息通过编写 udf 的方法应用于室内环境的 CFD 模拟中，并分析多种人行为模式对室内流场及污染物浓度分布的影响，进而评估人员的污染物暴露风险。得到的结论如下。

（1）采用实测真人办公环境的室内环境数据对本研究提出的基于人行为的室内环境模拟方法进行对比验证：在相同的室外环境条件下，本研究提出的模拟方法所获得的室内污染物平均浓度水平与真实人员办公室的平均浓度水平一致，进而验证了本研究方法的可靠性。

（2）室内人员的行为决策（开窗、启动空调、行走及进出房间等）对室内环境温度、气流运动速度及污染物质浓度分布的影响十分明显。

（3）在室外重度污染的条件下，开窗行为产生约 30 min 后，口鼻所在平面的二氧化硫平均浓度即达到 300 ppb，极可能引起有呼吸道疾病的患者或老人和儿童的不适；启动具有净化功能的空调约 20 min 后，口鼻所在平面的二氧化硫平均浓度降为启动前的 50%，运行 1.5 h 后，室内二氧化硫平均浓度降至 35 ppb 以下的优质水平。

（4）人员在房间内走动及进出房间的行为促进了污染物质在水平和竖直方向上的扩散速率，增大了静止人员口鼻前的气流运动速度，提高了污染物质吸入口鼻的概率。

（5）在工作时间内，室内二氧化硫的逐时平均浓度为 348 ppb，室内空气指数为 218，达到非常不健康的水平。因此在室外环境极度恶劣的条件下，为减少室内人员的暴露风险，应减少开窗频次与时长，选择有净化功能的空调维持房间适宜温度，并减少在房间内的走动行为。

本研究案例的方法和思路建立了人行为模拟与室内环境模拟相结合的模拟方法，提出的基于人行为的室内人员污染物暴露风险评估方法能够对真实室内人员办公环境的空气质量水平进行定量评估，为灾害事故下不同室内通风系统的优化设计测试提供技术手段，为建筑物内人员行为决策评估提供理论依据。

参 考 文 献

[1]　Gauderman W J，Urman R，Avol E，et al. Association of improved air quality with lung development in children. The New England Journal of Medicine，2015，372（10）：905-913.

[2]　Wolkoff P，Nielsen G D. Effects by inhalation of abundant fragrances in indoor air-an overview. Environment International，2017，101：96-107.

[3]　Zhang Q，Jenkins P L. Evaluation of ozone emissions and exposures from consumer products and home appliances. Indoor Air，27：386-397.

[4]　Lelieveld J，Evans J S，Fnais M，et al. The contribution of outdoor air pollution sources to premature mortality on a global scale. Nature，2015，525：367-384.

[5]　Lewis T C，Robins T G，Mentz G B，et al. Air pollution and respiratory symptoms among children with asthma：vulnerability by corticosteroid use and residence area. Science of the Total Environment，2013，448（6）：48-55.

[6]　EPA. Air Data：Air Quality Data Collected at Outdoor Monitors Across the US. https：//www.epa.gov/outdoor-air-quality-data.

[7]　Air Resources Board. Air Quality Data（PST）Query Tool. https：//www.arb.ca.gov/aqmis2/aqdselect.php.

[8]　Klepeis N E，Nelson W C，Ott W R，et al. The national human activity pattern survey（NHAPS）：a resource for assessing exposure to environmental pollutants. Journal of Exposure Analysis and Environmental Epidemiology，2001，11（3）：231-252.

[9]　Institute of Medicine. Climate Change，the Indoor Environment，and Health. Washington DC：The National Academies Press，2011.

[10]　Stabile L，Dell'Isola M，Russi A，et al. The effect of natural ventilation strategy on indoor air quality in schools. Science of the Total Environment，2017，595：894-902.

[11]　Yao M，Zhao B. Window opening behavior of occupants in residential buildings in Beijing. Building and Environment，2017，124：441-449.

[12]　Montgomery J F，Storey S，Bartlett K. Comparison of the indoor air quality in an office operating with natural or mechanical ventilation using short-term intensive pollutant monitoring. Indoor and Built Environment，2014，24（6）.

[13]　Han Z Y，Weng W G，Huang Q Y，et al. Aerodynamic characteristics of human movement behaviours in full-scale environment：comparison of limbs pendulum and body motion. Indoor and Built Environment，2015，24（1）：87-100.

[14]　Luo N，Weng W G，Fu M，et al. Experimental study of the effects of human movement on the convective heat transfer coefficient. Experimental Thermal and Fluid Science，2014，57：40-56.

[15]　Luo N，Weng W G，Xu X Y，et al. Human-walking-induced wake flow — PIV experiments and CFD simulations. Indoor and Built Environment，2017.

[16]　Lei Z，Liu C，Wang L，et al. Effect of natural ventilation on indoor air quality and thermal comfort in dormitory during winter. Building and Environment，2017，125：240-247.

[17]　Gosselin J R，Chen Q. A computational method for calculating heat transfer and airflow through a dual-airflow window. Energy and Buildings，2008，40（4）：452-458.

[18]　Luongo J C，Fennelly K P，Keen J A，et al. Role of mechanical ventilation in the airborne transmission of infectious agents in buildings. Indoor Air，2016，26（5）：666-678.

[19]　孙红三，洪天真，王闯，等. 建筑用能人行为模型的 XML 描述方法研究. 建筑科学，2015，31（10）：71-78.

[20]　Newsham G R. Manual control of windowblinds and electric lighti：implications for comfort and energy consumption. Indoor and Built Environment，1994，3（3）：135-144.

[21]　Haldi F. A probabilistic model to predict building occupants' diversity towards their interactions with the building envelope Bs2013. Conference of International Building Performance Simulation Association，2013.

[22]　Chen Y，Hong T，Luo X. An agent-based stochastic occupancy simulator. Bulid Simulations-China，2017，11（1）：

1-13.

[23] Hong T, Yan D, D'Oca S, et al. Ten questions concerning occupant behavior in buildings: the big picture. Building and Environment, 2017, 114: 518-530.

[24] Hong T, Sun H, Chen Y, et al. An occupant behavior modeling tool for cosimulation. Energy and Buildings, 2016, 117: 272-281.

[25] Yan D, O'Brien W, Hong T Z, et al. Occupant behavior modeling for building performance simulation: current state and future challenges. Energy and Buildings, 2015, 107: 264-278.

[26] Wang J, Chow T T. Numerical investigation of influence of human walking on dispersion and deposition of expiratory droplets in airborne infection isolation room. Building and Environment, 2011, 46 (10): 1993-2002.

[27] Wang J L, Chow T T. Influence of human movement on the transport of airborne infectious particles in hospital. Journal of Building Performance Simulation, 2014, 8 (4): 205-215.

[28] Saldiva P H N, Künzli N, Lippmann M. Air quality guidelines: global update 2005. particulate matter, ozone, nitrogen dioxide and sulfur dioxide. The Indian Journal of Medical Research, 2005, 4 (4): 492-493.

[29] Lewis A C, Lewis M B. Public health and air pollution. The Lancet, 2001, 357 (9249): 70.

[30] Galan I, Tobias A, Banegas J R, et al. Short-term effects of air pollution on daily asthma emergency room admissions. European Respiratory Society, 2003, 22 (5): 802-808.

[31] M Gong, Y Zhang, Weschler C J. Predicting dermal absorption of gas-phase chemicals: transient model development, evaluation, and application. Indoor Air, 2014, 24: 292-306.

[32] WHO Regional office for Europe. WHO guidelines for indoor air quality: selected.

[33] Mintz D. Technical assistance document for the reporting of daily air quality—the air quality index (AQI). Environmental Protection, 2013: 1-28.

第7章 室内传染物质的风险评估实例研究与验证

7.1 概 述

本书第2~5章提出了人员密集场所呼吸道传染病风险评估思路及步骤,针对现有研究在喷嚏呼出液滴粒度分布及人员移动对空气流场影响方面的不足进行了研究。本章使用实际的人员密集场所呼吸道传染病暴发案例,采用所提出的风险评估方法进行实例研究。通过数值模拟和流场分析,研究呼吸道传染病传染物质在空气中扩散输运的过程和规律,定量计算各个位置的易感者吸入传染物质的剂量,评估易感人群的暴露水平和感染风险。为了比较不同人员移动行为对传染物质扩散输运的影响,本章对多种人员移动行为及其耦合对空间内整体风险分布的影响进行研究,并分别分析了乘客及病源患者的移动对空间风险分布和呼吸道传染病传播蔓延的影响作用。

为了与实际的传染病暴发案例进行比较和验证,本章进一步使用可能性分析方法进行假设检验,验证方法的科学性和准确性。在风险评估过程中,为了定量评估易感人群的感染风险,本章根据人群的特征对部分未知参数的值和传染物质扩散输运的情景进行假设。然而,风险评估参数值不同、传染物质扩散输运情景假设不同,风险评估的结果也会明显不同。为了减小这些假设的参数值和情景假设对风险评估结果的影响,并估计未知参数的最大可能值,本章使用可能性分析方法对风险评估结果进行分析,计算假设的值和假设的情景发生的可能性,并分析未知参数的最大似然估计值和最有可能发生的情景假设。

为了进行空气流场数值模拟和传染病风险评估,在实例研究过程中对气流运动模式和传染物质扩散输运模式进行了假设。在实际的传染病传播蔓延过程中,传染物质扩散输运的过程常是多种情景假设的结合。为了综合评估多种情景相结合时的易感人群暴露水平和空间风险分布,本章进一步提出考虑多种情景的风险评估方法,以及多种情景相耦合时易感人群吸入分数的计算方法。该方法考虑了气流运动模式和传染物质扩散输运模式的多样性,综合评估易感人群的暴露水平和感染风险,能够综合考虑多种情景假设相耦合对空间风险分布的影响。结合该方法和可能性分析方法,可以进一步分析、评估与实际案例最接近的情景,评估多种影响因素对空间风险分布的影响。

7.2　案例的选取与分析

2003 年 3 月 15 日，一架载有 120 人的波音 737-300 客机从香港飞往北京，飞行时间共计 3 h。客机上有 112 名乘客、6 名空乘人员及两名飞行员。其中，一名乘客为 SARS 感染者，其座位位于客机经济舱的中部。在抵达目的地后，经实验室测试确认，共有 20 名乘客感染了 SARS，另有 2 人为疑似病例[1]。新发感染者中包括 2 位空乘人员，他们都是客机上的服务员，需要经常在客机机舱过道中走动并为乘客提供服务，有可能在靠近病源患者时被感染[2]。

与其他人员密集场所呼吸道传染病暴发案例相比，该案例资料充足，有具体的空间环境信息，有详细的乘客座位分布及新发感染病例座位分布等数据。本章选取该案例作为实例研究的案例，通过分析传染物质扩散输运的过程和传染病传播蔓延过程，比较不同人员移动行为及其耦合对空间风险分布的影响，分别研究乘客及病源患者的移动对自身感染风险及呼吸道传染病传播蔓延的影响作用。根据本书提出的风险评估思路和步骤，对该呼吸道传染病暴发案例进行实例研究。

7.2.1　建立风险评估的对象和研究区域

根据风险评估的需要，建立该传染病暴发案例的空间环境及计算区域，包括机舱的空间结构、座椅设置及所有人员的人体模型。在本节中，选取一个长度为 12 排的单通道区域进行研究，根据实际的客机机舱结构建立数值计算模型[3]，计算区域尺寸为 4.58 m×9.72 m×2.20 m（宽×长×高），室内空气的总体积为 68.85 m³，如图 7-1 所示。72 名乘客坐在该计算区域内的座椅上，其中包括 1 名病源患者。为了模拟人员移动对传染物质扩散输运的影响，机舱中还设置了 1 名站立人员，初始站立位置为机舱通道的一端。在该计算区域中，坐标原点位于站立人员左后方机舱角落的地面上。坐标系统满足右手定则。x 轴方向从站立人员左侧指向右侧，y 轴方向从站立人员身后指向身前，z 轴方向从地面指向天花板。机舱通风系统的进风口位于走廊上方天花板的两侧，2 个通风入口的尺寸均为 9.72 m×0.012 m（长×高）[3]。排风出口位于两侧墙壁的底端。为了针对易感人群进行数值模拟和风险评估，在建立计算区域时，假设每个人的外形结构相同，使用暖体假人的外形结构模拟乘客的外形结构。为了更精确地模拟人的外形结构，使用对真实的呼吸暖体假人进行三维激光扫描和数字成像得到的人体 CAD 模型建立每个人的外形结构。

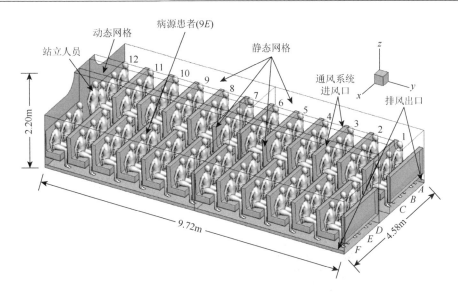

图 7-1　实例研究计算区域设置

使用 Gambit（V2.4.6）建立计算区域并进行网格划分。所有乘客及站立人员所在的区域使用四面体结构的非结构化网格进行网格划分，最大网格大小（四面体的最大棱长）为 0.03 m，网格总数为 9098636 个。其他区域（包括站立人员前后的过道）使用正六面体结构的结构化网格进行网格划分，最大网格尺寸（正六面体的最大棱长）为 0.025 m，网格总数为 99264 个。通过进行网格独立性分析[4]，最终选取包含 9197899 个网格的网格系统进行数值模拟。为了应用加强型的近壁拟合，使用墙壁单位数修正（wall unit adaptation）调整近壁区域的网格密度，保证计算得到的墙壁单位数（wall unit）y^+ 的值符合所选取的壁面模型的要求[3]。

在该机舱环境中，通风系统的供气速率为 9.7 L/(s·人)[5]，进风口的风速为 2.994 m/s，供风系统的空气交换率（air exchange rate）为 36.52ACH，符合机舱通风环境的要求[6]。该计算区域内的边界条件如表 7-1 所示，包括通风速率、温度、相对湿度及各个边界表面的颗粒物沉淀条件等[3, 6-8]。对于室内人员的呼吸行为，由于人正常呼吸的气流流量率较小，呼吸区域内的气流速度较低，每个人的呼吸对空气流场及传染物质输运的影响都相对较小[9, 10]，因此本节不考虑所有人员自身的呼吸作用对空气流场的影响[8]。同时，在病源患者呼出传染物质的过程中，呼出气流速度将直接决定传染物质的初始运动状态，因此在研究过程中，考虑病源患者呼出传染物质时的呼出气流流量率和呼出气流方向，如表 7-1 所示。在该计算区域中，病源患者的座位号为 9E。

表 7-1　客机机舱计算区域的边界条件[3, 6-8]

界面	通风速率	温度(℃)	相对湿度	颗粒物沉淀
天花板	无速度	24	无	吸收
侧面的墙壁	无速度	20	无	吸收
地面	无速度	23	无	吸收
人体表面	无速度	32	无	吸收
入风口	2.994 m/s [9.7 L/(s·人)]	21	相对湿度20%（比例分数为0.004895）	反射
座位	无速度	绝热	无	吸收
出风口		自由出流		逃逸
病源患者口鼻区域	10 m/s, $t=0\sim0.1$ s 6 m/s, $t=0.1\sim0.2$ s 4 m/s, $t=0.2\sim0.3$ s 2 m/s, $t=0.3\sim0.4$ s 0 m/s, $t>0.4$ s 表面积: 0.000968 m^2	37.15	相对湿度50%（比例分数为0.01224）	$t=0\sim0.4$ s, 反射 $t>0.4$ s, 吸收

7.2.2　传染源特征分析

根据 SARS 的病理特征，选取咳嗽作为病源患者的主要呼吸行为进行风险评估。为了模拟咳嗽呼出液滴的过程及咳嗽的空气动力学特征，设置咳嗽的呼出气流方向为 45°斜向下（0，1，−1）。根据所使用的假人模型设置打喷嚏时的嘴部张开面积为 9.688 cm^2。呼出气流速度大小根据咳嗽呼出气流流量率近似模拟[11]，如表 7-1 所示。根据咳嗽呼出液滴粒度分布的测量结果，直径小于 3 μm 的液滴数量非常少，而大于 100 μm 的液滴会在被呼出后迅速掉落在地面上[12, 13]。因此，在风险评估过程中，研究的液滴直径范围为 3～112 μm，并根据 Duguid 的实验结果设置蒸发前的原始液滴的数量粒度分布[14]，共计包括 10 个直径区间。考虑到液滴在飘浮过程中会不断蒸发，液滴大小会迅速收缩到原始尺寸（呼出时大小）的 50%[15]，因此假设液滴蒸发后的直径为原始直径的 50%，即在传染物质扩散输运分析中，所研究的液滴的直径范围为 1.5～56 μm，所选取的液滴数量粒度分布如表 7-2 所示。

表 7-2　咳嗽呼出液滴粒度分布设置

直径（μm）	原始直径（μm）	粒度分布[14]	数值模拟粒子数量
1.5	3	0.0105	50000
3	6	0.0610	50000
6	12	0.2040	50000

直径（μm）	原始直径（μm）	粒度分布[14]	数值模拟粒子数量
10	20	0.3365	50000
14	28	0.1830	50000
18	36	0.0883	50000
22.5	45	0.0463	50000
31.25	62.5	0.0231	50000
43.75	87.5	0.0294	50000
56	112	0.0179	50000

7.2.3　传染物质扩散输运分析

在数值模拟过程中，使用成分为水的气溶胶（aerosol）模拟病源患者呼出的液滴。设置气溶胶喷射位置在病源患者嘴部。为了降低液滴的布朗运动及随机性效应对液滴空间分布的影响，在数值模拟过程中，设置每个直径区间内液滴个数为 50000 个[3]。数值模拟过程中使用的液滴粒度分布如表 7-2 所示。在计算传染物质浓度时空分布时，需根据所选取的粒度分布将数值模拟得到的数量转化为实际值。

在进行传染物质扩散输运分析时，首先对稳态状态下的空气流场进行数值模拟，作为计算区域内的初始流场环境。然后，对所研究的案例进行情景假设，建立传染物质扩散输运的情境，研究人员移动行为对传染物质扩散输运、呼吸道传染病传播蔓延的影响。

为了比较不同人员移动速度对传染物质扩散输运和呼吸道传染病传播蔓延的影响，分别假设移动人员的移动速度为 0 m/s、0.5 m/s 和 1.0 m/s。其中，人员移动速度为 0 m/s 的情境假设主要研究稳态情况下传染物质在机舱内扩散输运的规律和特征；人员移动速度为 0.5 m/s 的情境假设主要研究人在机舱内缓慢行走对传染物质扩散输运的影响；人员移动速度为 1.0 m/s 的情境假设主要研究人在机舱内正常行走对传染物质扩散输运的影响。当病源患者释放出传染物质 1 s 后，移动人员开始移动，以保证人的移动和传染物质扩散输运过程有相互作用关系。由于机舱内空间狭小、机舱过道宽度有限，人在机舱内快速行走（移动速度大于 1.0 m/s）的可能性很小，1.0 m/s 已经能够满足实例研究和情景模拟的需要。此外，为了研究病源患者的移动行为对空间内风险分布的影响，进一步假设移动人员为病源患者，并在移动过程中的不同位置释放传染物质，释放传染物质的位置在机舱长度方向上均匀分布，以保证传染物质释放位置明显不同。

根据上述情景设计，设置 5 个不同的人员移动情景假设并进行数值模拟：

（1）情景假设一：病源患者在座位 9E 位置呼出液滴，客机机舱内没有人员移动，即站立人员的移动速度为 0 m/s，研究稳态情况下传染物质在空间内扩散输运的规律和特征；

（2）情景假设二：病源患者在座位 9E 位置呼出液滴，1 s 后移动人员以 0.5 m/s 的速度从机舱过道中走过，研究缓慢行走对传染物质扩散输运的影响；

（3）情景假设三：病源患者在座位 9E 位置呼出液滴，1 s 后移动人员以 1.0 m/s 的速度从机舱过道中走过，研究较快速度的行走对传染物质扩散输运的影响；

（4）情景假设四：病源患者以 1.0 m/s 的速度从机舱过道一端走向另一端，并在移动 3 s 后呼出液滴；

（5）情景假设五：病源患者以 1.0 m/s 的速度从机舱过道一端走向另一端，并在移动 6 s 后呼出液滴。

根据所选取的五个情景假设，本节设置相应的 CFD 数值模拟算例，每个算例分别对应于一种情景假设，情景假设与算例的对应关系如表 7-3 所示。在算例 1～3 中，气溶胶喷射位置为（3.585，2.75，1.172），算例 4 中气溶胶喷射位置为（2.29，3.605，1.564），算例 5 中气溶胶喷射位置为（2.29，6.605，1.564）。在数值模拟过程中，根据动态层模型的要求设置时间步长：没有人员移动时，$t \leqslant 10$ s 时为 0.1 s，$t > 10$ s 时为 0.2 s；移动速度为 0.5 m/s 和 1.0 m/s 时，人员移动过程中的时间步长分别为 0.1 s 和 0.05 s。在数值模型过程中，使用一个四节点的计算机集群进行流场计算。集群中的每个节点都有 8 个处理器（英特尔 2.4 GHz 64 位处理器），内存为 2 GB。整个计算机集群共有 64 G 内存。每个情景假设的流场计算耗时约为 200 h，与时间步长和计算量有关。

表 7-3　风险评估实例研究情景假设

算例编号	喷射位置	喷射时间	人员移动起始时间（s）	移动速度（m/s）
1	乘客（9E）	$t = 0$ s	—	0
2	乘客（9E）	$t = 0$ s	$t = 1$ s	0.5
3	乘客（9E）	$t = 0$ s	$t = 1$ s	1.0
4	移动人员（$y = 3.605$）	$t = 3$ s	$t = 0$ s	1.0
5	移动人员（$y = 6.605$）	$t = 6$ s	$t = 0$ s	1.0

7.2.4　易感人群感染风险分析

根据传染物质扩散输运分析得到的传染物质浓度时空分布，使用剂量-响应模型定量计算易感人群的暴露水平和感染风险。在感染风险评估过程中，根据 SARS 的病理特征按照本书 2.4 节所述的方法设置有关的计算参数并进行风险评估。同时，结合实际传染病暴发案例，根据新发感染者的位置，使用可能性分析方法评估情景假设发生的可能性，评估未知参数的最大似然估计值。

7.3　传染物质扩散输运过程

根据本书第 5 章提出的人员密集场所呼吸道传染病风险评估思路，按照 7.2 节所述方法对该案例的传染物质扩散输运过程进行数值模拟。本节使用欧拉-拉格朗日方法定量模拟空气流场分布及传染物质的扩散输运过程和沉淀过程。观察流场数值模拟结果发现，人员移动行为会改变环境中的气流运动规律和流场分布，与 4.2 节中所述的结果一致；该机舱环境中的乘客具有较高的体温，其热效应会改变人体周围区域的温度分布，但由于机舱通风系统形成的向下运动的气流较强，人体周围没有明显热羽流。使用欧拉-拉格朗日方法进行粒子追踪，得到了每个飘浮在空中的气溶胶的位置。为了比较人员移动行为对传染物质扩散输运的影响，图 7-2 分别比较了算例 1～3 中所有气溶胶的平均位置随时间变化的规律，包括 x 轴方向、y 轴方向和 z 轴方向。在图 7-2 中，所显示的平均位置为所有悬浮气溶胶的绝对位置的平均值。

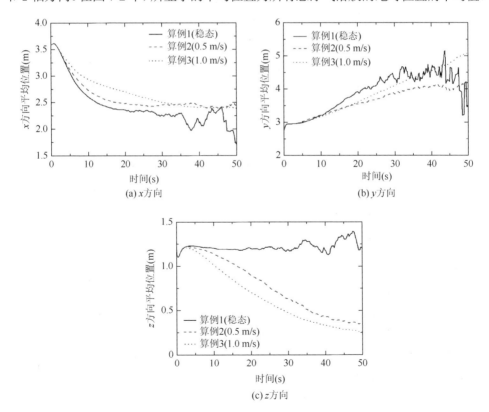

图 7-2　所有直径的气溶胶的平均位置随时间变化规律

图 7-2（a）为所有直径的气溶胶在 x 方向的平均位置随时间的变化规律。对于算例 1～3，气溶胶沿 x 轴方向扩散的规律基本相同。当气溶胶被喷射到客机机舱中后，所有气溶胶 x 坐标的平均值首先在 0.8 s 内从 3.585 m 增加到 3.61 m，然后开始持续减小。对于算例 1，x 坐标平均值在 25 s 内减小到 2.3～2.35 m，然后开始持续地上下振荡。对于算例 2，x 坐标平均值的减小速度要慢于算例 1，其最小值也略大于算例 1。对于算例 3，其 x 坐标平均值减小的速度比算例 1 和算例 2 都慢，并且在前 40 s 内始终大于 2.4 m。气溶胶喷射位置位于机舱右侧（$x=3.585$ m），因此图 7-2（a）中的结果显示，人员移动行为在机舱内引起的气流运动将会略微阻止气溶胶从机舱右侧横穿过道向左侧运动。

图 7-2（b）显示了所有的气溶胶在 y 方向的平均位置随时间变化情况。如图 7-2（b）所示，对算例 1～3，所有气溶胶 y 坐标的平均值都会随时间推移而明显增加，气溶胶的运动方向与咳嗽呼出气流的方向一致。对于算例 1，y 坐标平均值在 25 s 内增加到 4.2 m，然后开始上下振荡；对于算例 2，y 坐标平均值的增加速度要慢于算例 1，并最终在 42 s 后达到 4.2 m。对于算例 3，在前 20 s 内，y 坐标平均值的变化规律与算例 2 基本相同，其增加速度略大于算例 2。根据稳态空气流场数值模拟结果，在没有人员移动时，从通风系统进风口进入机舱内的气流会向下运动，并从相同 y 轴位置的排风出口中排出，气流的运动将限定在大致同一横截面附近区域内，沿 y 轴方向（机舱纵向）运动的气流很小[1, 16-18]。因此，算例 1 中气溶胶沿 y 轴方向的运动主要是初始时刻咳嗽的呼出气流对气溶胶的推动作用。图 7-2（b）中的结果显示，人员移动行为能够促进机舱内的空气混合，并导致气溶胶同时沿人员移动轨迹的两个方向扩散，而不是仅沿着咳嗽呼出气流的方向运动。该结果可以进一步由 5.4 节中暴露水平的分析结果验证。在移动人员经过后，位于病源患者前后的乘客的吸入分数都有所增加。

如图 7-2（c）所示，对于算例 1～3，所有气溶胶 z 坐标的平均值会先小幅减小，之后再缓慢增加。减小过程持续约 0.6 s，方向沿咳嗽呼出气流的初始方向；增加过程持续约 2.5 s。此后，对于算例 1，z 坐标平均值保持在约 1.20 m，并在 25 s 后开始振荡；对于算例 2 和算例 3，z 坐标平均值会持续下降，并在约 40 s 后降低到 0.5 m 以下。算例 3 中 z 坐标平均值下降速度要大于算例 2。由此可以看出，人员移动行为会促使空气中的悬浮气溶胶下沉，导致向下的输运作用。该向下输运作用主要是由于移动人员背后的尾迹中有较强的向下运动的气流[19]。更高的移动速度具有更强的向下输运效应。在客机机舱环境中，通风系统形成的稳态流场的气流方向也为从上向下[3, 6, 8, 20]，人员移动行为能够加强通风气流沿 z 轴负向的运动，并引起沿 z 轴负向的气溶胶输运作用。

从图 7-2 中还可以看出，对于算例 1，在悬浮 25 s 后，3 个方向的坐标平均值都会上下振荡。该振荡过程主要是由于悬浮的气溶胶数量太少，布朗运动的随机性对气溶胶位置分布的影响较大[3]。因此人员移动行为可能进一步影响了气溶胶的沉淀过程。为了比较气溶胶的悬浮和沉淀过程，图 7-3 显示了算例 1～3 的气溶胶悬浮分数随时间的变化规律。其中，气溶胶悬浮分数是指所有悬浮在空气中的气溶胶的数量与喷射到环境中的气溶胶的总数的比值。如图 7-3 所示，对于算例 1～3，气溶胶悬浮分数均持续下降。移动速度越快，悬浮分数下降越慢。在 $t = 10\ \mathrm{s}$ 时，对于算例 1～3，空气中悬浮气溶胶的总数分别为：24397、27255、42974，悬浮分数分别为：4.88%、5.45%、8.60%；在 $t = 20\ \mathrm{s}$ 时，对于算例 1～3，空气中悬浮气溶胶的总数（悬浮分数）分别为 2358（0.47%），4475（0.90%）和 12007（2.4%）；而 $t = 30\ \mathrm{s}$ 时，对于算例 1～3，只有 263、1123 和 4333 个气溶胶飘浮在空气中，对应的悬浮分数均小于 0.1%。该结果显示，人员移动行为引起的湍流能够明显地减缓气溶胶的沉淀过程。在算例 1～3 中，超过 99% 的气溶胶最终会沉淀在机舱内。因此沉淀过程是悬浮气溶胶数量降低的主要过程。人员移动不会改变气溶胶的沉淀比例，即人员移动行为并没有促进通风系统对气溶胶的排除作用。

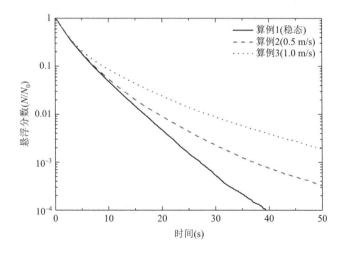

图 7-3　所有直径气溶胶悬浮分数随时间的变化规律

　　在室内通风环境中，气溶胶扩散输运的规律与气溶胶的大小直接相关。本节进一步比较了人员移动行为对不同直径的气溶胶的沉淀的影响。图 7-4 显示了算例 1～3 中不同直径的气溶胶的悬浮分数随时间变化的规律。与图 7-3 相近，所有直径的气溶胶的悬浮分数都持续下降。如图 7-4（a）所示，没有人员移动时，气溶胶喷射 30 s 后，所有直径的气溶胶的悬浮分数均小于 10^{-3}，即悬浮气溶胶的数量小于 50 个；45 s 后，所有直径的气溶胶的悬浮分数均小于 10^{-4}。如图 7-4（b）所示，人员移动速度为 0.5 m/s 时，直径小于 18 μm 的气溶胶的悬浮分数在前 43 s 内始终大于 10^{-3}。如图 7-4（c）所示，人员移动速度为 1.0 m/s 时，直径小于 22.5 μm

的气溶胶的悬浮分数在前 50 s 内始终大于 10^{-3}。因此，人员移动行为能够明显降低所有直径的气溶胶的沉淀速率。从图 7-4 中也可以看出，对于算例 1～3，气溶胶直径越大，沉淀速度越快，气溶胶直径越小，在空气中悬浮的时间越长，与现有研究的结果一致[3, 21-24]。

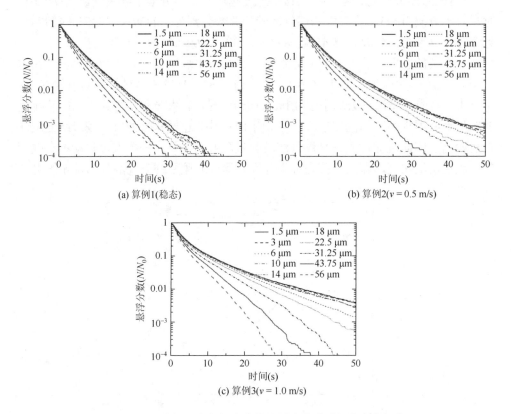

图 7-4　10 种不同直径气溶胶的悬浮分数随时间的变化规律

7.4　易感人群暴露水平

根据 7.3 节数值模拟得到的机舱内气溶胶空间分布，本节计算每位乘客呼吸区域内的传染物质体积浓度 $v(x,t)$。根据本书所使用的人体模型的面部结构，每位乘客的呼吸区域的大小为 0.005721 m^3。通过使用 SARS 的相关病理参数，计算每位乘客的暴露水平。图 7-5 和图 7-6 显示了部分乘客的暴露水平与人员移动的关系。图 7-5 所示乘客中有 2 名乘客在乘坐航班后感染了 SARS（5*E*，7*D*），图 7-6 所示乘客中有 3 名乘客在乘坐航班后感染了 SARS（9*B*，11*B*，12*B*），其他乘客没有感染 SARS。图 7-5 和图 7-6 中，使用相对吸入剂量（relative intake dose）表示易感染者的暴露水平，即单位时间间隔内易感染者的吸入分数。从图 7-5 和图 7-6 中可以看出，在移动人员开始移动后，每位乘客的暴露水平都会有一定变化。甚至座位距离病源患者 8 排以上的乘客的暴露水平也受到了影响。因此，人员移动行为会显著改变机舱内传染物质的时空分布，改变机舱内乘客的暴露水平分布特征。

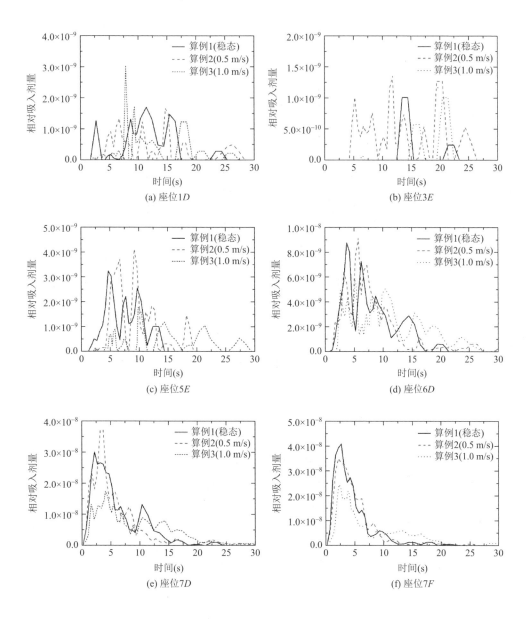

(a) 座位1D

(b) 座位3E

(c) 座位5E

(d) 座位6D

(e) 座位7D

(f) 座位7F

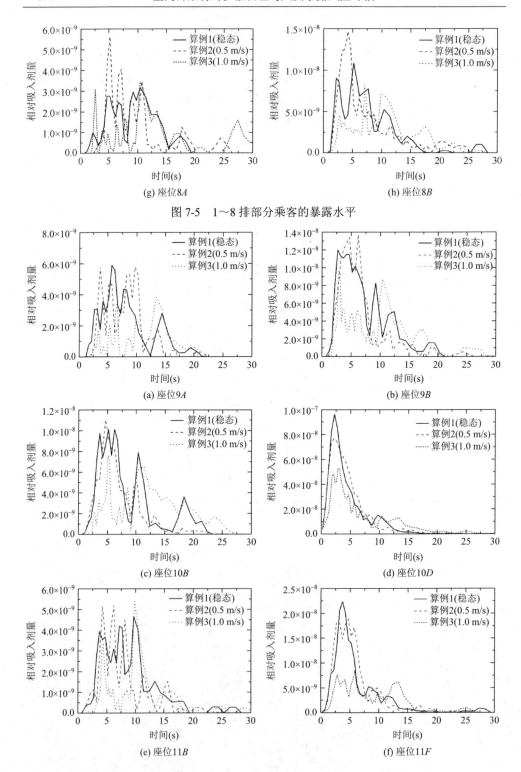

(g) 座位8A

(h) 座位8B

图 7-5　1～8 排部分乘客的暴露水平

(a) 座位9A

(b) 座位9B

(c) 座位10B

(d) 座位10D

(e) 座位11B

(f) 座位11F

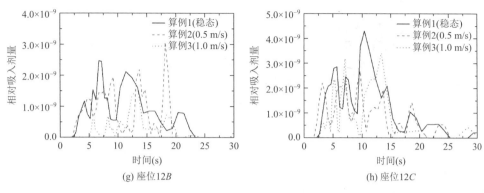

(g) 座位12B　　　　　　　　　　(h) 座位12C

图 7-6　9～12 排部分乘客的暴露水平

　　图 7-7 显示的是病源患者一次咳嗽在空间内形成的吸入分数分布。从图 7-7 中可以看出，靠近病源患者乘客，特别是第 7～10 排座位号为 D～F 的乘客，其吸入分数明显高于其他乘客。同时，座位位于机舱右侧（座位号为 D～F）的乘客的吸入分数高于机舱左侧（座位号 A～C）的乘客。距离病源患者越远的区域（如第 1～4 排），乘客的吸入分数也越小。比较图 7-7（a）～（c）可以发现，在算例 1～3 中，相同位置乘客的吸入分数有一定不同。与没有人在机舱中移动的稳态情况相比，当人以 0.5 m/s 的速度从机舱中走过时，41 位乘客的吸入分数会增加；当人以 1.0 m/s 的速度走过时，38 位乘客的吸入分数会增加。对于算例 1～3，所有乘客（不包括病源患者和移动的人）的平均吸入分数分别为 $1.69×10^{-6}$、$1.75×10^{-6}$ 和 $1.91×10^{-6}$，即人在机舱中移动会导致所有乘客的平均吸入分数增加 3.3%～9.3%。从图 7-7 中还可以看出，机舱内吸入分数的分布特征并不随人员移动速度的变化而变化。越靠近病源患者的人员，其吸入分数也越大。人员移动行为会影响机舱内每位乘客的吸入分数，但不会改变机舱内吸入分数的分布特征。

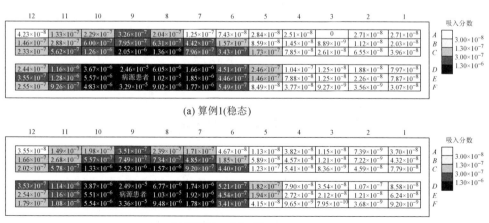

(a) 算例1(稳态)

(b) 算例2($v = 0.5$ m/s)

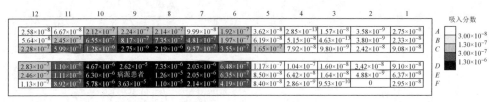

12	11	10	9	8	7	6	5	4	3	2	1	
2.58×10^{-8}	6.67×10^{-8}	2.12×10^{-7}	2.24×10^{-7}	2.14×10^{-7}	9.99×10^{-8}	1.92×10^{-7}	3.62×10^{-8}	2.85×10^{-13}	1.57×10^{-8}	3.58×10^{-9}	2.75×10^{-8}	A
5.64×10^{-8}	2.45×10^{-7}	6.55×10^{-7}	8.17×10^{-7}	7.35×10^{-7}	4.81×10^{-7}	1.97×10^{-7}	6.19×10^{-8}	5.15×10^{-13}	4.63×10^{-8}	3.80×10^{-9}	2.33×10^{-8}	B
2.28×10^{-7}	5.99×10^{-7}	1.28×10^{-6}	2.75×10^{-6}	2.19×10^{-6}	9.57×10^{-7}	3.55×10^{-7}	1.65×10^{-7}	7.92×10^{-8}	9.80×10^{-8}	2.42×10^{-8}	9.08×10^{-8}	C
2.83×10^{-7}	1.10×10^{-6}	4.67×10^{-6}	2.62×10^{-5}	7.35×10^{-6}	2.03×10^{-6}	6.48×10^{-7}	1.17×10^{-7}	1.04×10^{-7}	1.60×10^{-8}	3.42×10^{-8}	9.10×10^{-8}	D
2.46×10^{-7}	1.11×10^{-6}	6.30×10^{-6}	病源患者	1.26×10^{-5}	2.05×10^{-6}	6.35×10^{-7}	8.50×10^{-8}	6.42×10^{-8}	1.64×10^{-8}	4.88×10^{-9}	6.37×10^{-8}	E
1.13×10^{-7}	8.92×10^{-7}	5.78×10^{-6}	3.63×10^{-6}	1.10×10^{-5}	2.14×10^{-6}	4.19×10^{-7}	8.40×10^{-8}	2.86×10^{-9}	9.53×10^{-10}	0	2.95×10^{-8}	F

吸入分数
- 3.00×10^{-8}
- 1.30×10^{-7}
- 3.00×10^{-7}
- 1.30×10^{-6}

(c) 算例3($v = 1.0$ m/s)

图 7-7　机舱内的吸入分数分布

当人员在机舱中行走时，移动人员也有较高的暴露水平。图 7-8 显示了 30 s 内移动人员的相对吸入剂量，包括移动速度为 0.5 m/s 和 1.0 m/s 时的相对吸入剂量。如图 7-8 所示，当移动人员开始移动后（$t \geqslant 1$ s），其相对吸入剂量会快速增加，并在 $t = 5$ s（算例 2）和 $t = 3$ s（算例 3）时出现最大值。该时刻所对应的移动距离为 2 m，靠近病源患者所在的位置。从图 7-8 中可以看出，移动人员在经过传染物质浓度较高的区域（第 6～11 排）时，其暴露水平也较高。经常在机舱中行走的人员会有较高的暴露水平，如果移动人员在病源患者咳嗽时从机舱中走过，该移动人员将会有很高的吸入分数和感染风险。

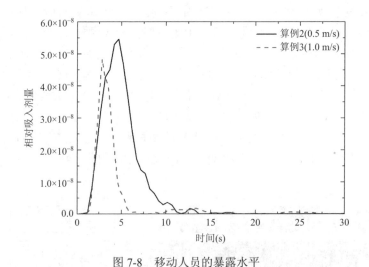

图 7-8　移动人员的暴露水平

7.5　感染风险评估与假设检验

根据 7.4 节给出的机舱内吸入分数分布，本节计算机舱空间内易感人群的感染风险分布。在感染风险计算过程中，对于算例 2 和算例 3，假设移动人员会在机舱内频繁走动，病源患者每次咳嗽时都有人在机舱过道中行走。图 7-9～图 7-11 比较了机舱不同位置乘客的平均感染风险。其中，图 7-9 显示的是空间内所有位

置乘客的感染风险；图 7-10 显示的是每一列 12 位乘客的平均感染风险；图 7-11
显示的是每一横排 6 位乘客的平均感染风险。在图 7-9～图 7-11 中，平均风险的
计算不包含病源患者。如图 7-9 所示，风险分布大致以病源患者为中心向外分布，
距离病源患者越近，感染风险越大。位于病源患者前后两排且左右相邻一排的位
置的乘客，感染风险很大，均大于 0.3。距离病源患者较远的区域，特别是第 1～5
排区域，感染风险明显较小，并普遍小于 0.05。图 7-9 所示的结果符合气溶胶在
室内通风环境中扩散输运的规律[3, 21-24]。对于算例 1～3，空间内易感人群的平均
感染风险分别为 0.2015、0.2051 和 0.2096，即人员移动行为会导致整个空间内的
整体风险水平增加 1.7%～2.2%。

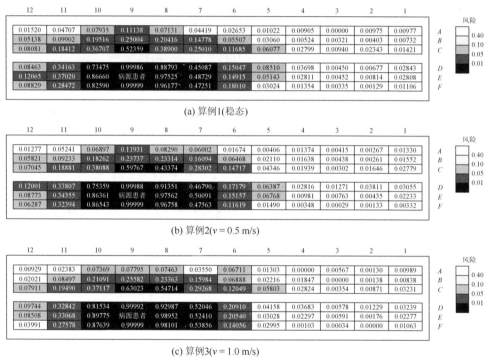

图 7-9　机舱内的感染风险分布

如图 7-10 所示，人员移动行为会改变每列乘客的平均感染风险，变化幅度为
−52.3%～＋28.8%。人员移动行为会小幅增加病源患者身前 3 排（第 6～8 排），病
源患者所在横排（第 9 排），病源患者身后 1 排（第 10 排）及移动人员停止位置（第
1 排）的乘客的平均感染风险。根据第 4 章给出的结果，在人员移动过程中，身体
移动所引起的气流会跟随移动人员向前运动，并促进室内环境中的空气混合，从而
促进传染物质向传染源前后两个方向运动，增加第 6～10 排乘客的感染风险。同时，

移动人员的尾迹也会携带传染物质，增强传染物质沿人员移动方向的输运作用。这些传染物质会一直跟随移动人员向前运动直至移动停止[19]，从而导致人员停止的位置（第 1 排）乘客感染风险的增加。在数值模拟过程中，设置病源患者每次释放的传染物质的总量相同，因此其他区域的乘客的感染风险会在人员移动后小幅减小。

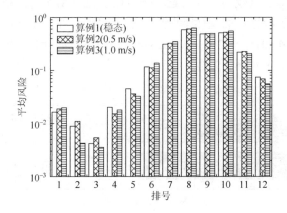

图 7-10　每列乘客的平均感染风险与人员移动的关系

如图 7-11 所示，人员移动行为会改变每排乘客的平均感染风险，变化幅度为 −1.8%～ + 15.6%。人员移动行为会小幅增加座位号为 B～D 的 3 列乘客的平均感染风险，其中 C、D 两列乘客平均风险的变化相对比较明显，变化幅度为 3.3%～8.0%（0.5 m/s）和 5.7%～15.6%（1.0 m/s）。在客机机舱中，移动人员只能沿机舱过道通行，因此人员移动对机舱过道及过道两侧区域（座位号为 C、D 的两列）的影响最大。

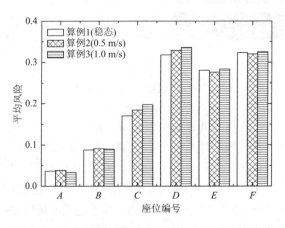

图 7-11　每排乘客平均感染风险与人员移动的关系

　　根据算例 1～3 的风险评估结果，所有乘客的平均感染风险为 0.2015、0.2051和 0.2096（不包括移动人员和病源患者），即在该客机机舱环境中，易感人群的罹患率约为 1/5。在实际传染病暴发案例中，所研究的区域中共有 71 名乘客（不包括病源患者），这些易感染者始终坐在座位上，与数值模拟和风险评估中的情景假设相同。在这 71 名乘客中，共有 17 人最终感染了 SARS，感染比例为 23.9%，风险评估的结果与实际案例一致。因此，本书提出的风险评估方法，能够定量计算空间风险分布，并准确预测呼吸道传染病暴发的事故后果。

　　比较算例 1～3 的风险评估结果也可以发现，对于频繁往返于机舱内的移动人员，当移动速度为 0.5 m/s 时，其感染风险为 0.55，高于该机舱内 87% 的乘客（62位乘客）的感染风险；当移动速度为 1.0 m/s 时，其感染风险为 0.51，高于该机舱内 81% 的乘客（58 位乘客）的感染风险。因此，对于在客机机舱内频繁走动的人员来说，其感染风险有可能会高达 50%，明显高于机舱内绝大多数乘客的感染风险。在该传染病暴发案例中，机舱内共有 6 名空乘人员，他们需要经常在机舱中走动，并有可能在经济舱内靠近病源患者的附近区域工作、服务。在这 6 名空乘人员中，有 2 人最终感染了 SARS，感染比例为 33.3%，明显高于普通乘客的感染比例，与风险评估的结果一致。同理，对于坐在机舱中的乘客，每次在机舱中行走（如去洗手间等）并经过靠近病源患者的传染物质高浓度区域，都会增加其自身的暴露水平并导致其具有更高的感染风险。

　　在风险评估过程中，为了定量评估易感人群的感染风险，本节对部分未知参数进行了假设，特别是对病原体浓度、咳嗽频率、SARS 冠状病毒的感染性等病理特征参数进行了假设。这些假设值与实际案例中的真实值有一定偏差。同时，在风险评估过程中需要对气流运动模式和传染物质扩散输运模式进行假设，即对传染物质扩散输运的情景进行假设。情景假设不同，风险评估的结果也不同。为了减小这些假设值和情景假设对风险评估结果的影响，本节使用可能性分析方法对风险评估结果进行假设检验，计算假设的值和假设的情景发生的可能性，比较在不同感染剂量产生率值和情景假设条件下得到的空间风险分布与实际案例中新发感染者座位分布的接近程度，估计未知参数的最大似然估计值，分析最贴近真实情况的情景假设和风险评估结果。

　　使用感染剂量产生率代替未知参数进行可能性分析，所评估的感染剂量产生率的范围为 $1～10^9\ h^{-1}$。根据对算例 1～3 进行风险评估得到的吸入分数分布，本节将所有乘客分为 4 组（不包括病源患者和移动人员），并根据该传染病暴发案例的有关资料和数据[1]，确定每组乘客中的实际感染人数，如表 7-4所示。

表 7-4　可能性分析中的人员分组

项目	算例 1（稳态）				算例 2（0.5 m/s）				算例 3（1.0 m/s）			
	1组	2组	3组	4组	1组	2组	3组	4组	1组	2组	3组	4组
易感人群总人数	28	24	6	13	28	25	9	9	31	22	6	12
最终感染人数	4	7	2	4	5	7	3	2	8	3	2	4

本节对每个假设的感染剂量产生率值，分别按照算例 1～3 的情景假设进行风险评估，计算对应的吸入分数分布和风险分布，再根据表 7-4 中的人员分组数据和实际案例数据，使用式（5-32）评估该感染剂量产生率假设值和情景假设的可能性。可能性分析的结果如图 7-12 所示，分别对算例 1～3 给出了感染剂量产生率与可能性的关系。对于算例 1～3，评估得到的最大可能性分别为 0.414、0.026 和 0.055，对应的感染剂量产生率最大似然估计值分别为 1.41×10^5、1.03×10^5 和 1.27×10^5。比较算例 1～3 的可能性可以发现，人员移动速度为零的稳态情景的可能性最高。因此，在算例 1～3 中，采用算例 1 的情景假设（没有人员移动的情景假设），并取感染剂量产生率为 1.41×10^5 进行风险评估，得到的风险分布最接近实际案例。

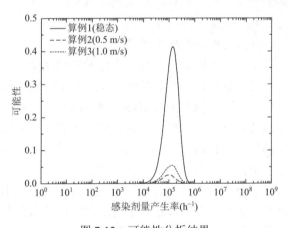

图 7-12　可能性分析结果

7.6　考虑多种情景的风险评估方法

从 7.5 节的分析结果中发现，传染物质扩散输运数值模拟的结果与环境条件和情景假设密切相关。实际上，在传染物质扩散输运数值模拟及风险评估过程中设置的情景假设是否恰当，将直接决定风险评估结果与真实情况相匹配的程度。在算例 2 和算例 3 中，假设了病源患者每次咳嗽时，都会有人以不变的速度从机舱中走过。在实际情况中，不一定每当病源患者咳嗽时都有人从机舱过道中经过。当有人经过时，行走的速度也不一定相同。传染物质在机舱中扩散输运的过程会受到多种人员移动行为的影响，空间内的传染物质浓度分布也会随之变化。

综合多种不同的气流运动模式和传染物质扩散输运模式，考虑到传染病传播蔓延情景的多样性，本节提出考虑多种情景的风险评估方法，具体方法和步骤如下。

（1）分析并确定可能存在的所有情景假设。

根据风险评估的需要和实际环境的特征，确定研究区域的环境特征，分析影响空气流场的主要因素，分析空气气流运动和传染物质扩散输运的可能模式，确定需要研究的所有情景假设。

（2）对所有情景假设分别进行风险评估。

针对每种情景假设进行风险评估。通过传染源特征分析，确定每种情景假设中病源患者释放传染物质的过程；通过传染物质扩散输运分析，分析每种情景假设的空气流场分布，计算传染物质的浓度时空分布；通过易感人群感染风险分析，计算每种情景假设中易感人群的暴露水平和吸入分数。

（3）综合考虑多种情景假设分析暴露水平和感染风险。

对所有的情景假设进行比较分析，评估每种情景假设发生的可能性，并综合所有可能的情景假设，计算易感人群的吸入分数，最后再根据式（5-26）计算易感人群的感染风险。

本节给出考虑多种情景假设的易感人群吸入分数计算方法，如式（7-1）所示：

$$D(x,t) = \sum_q a_q D_q(x,t) \tag{7-1}$$

式中，$D(x,t)$ 为考虑多种情景假设的易感人群吸入分数，表示综合考虑多种情景假设时易感人群的暴露水平；$D_q(x,t)$ 为对第 q 种情景假设进行风险评估得到的易感人群吸入分数；a_q 为第 q 种情景假设发生的概率，$\sum_q a_q = 1$。

根据所提出的考虑多种情景的风险评估方法，本节针对算例 1～3 的情景假设计算每位乘客的吸入分数，如式（7-2）所示：

$$D(x,t) = (1 - a_1 - a_2)D_1(x,t) + a_1 D_2(x,t) + a_2 D_3(x,t) \tag{7-2}$$

式中，$D_1(x,t)$、$D_2(x,t)$ 和 $D_3(x,t)$ 分别为算例 1～3 中计算出的易感人群中第 x 个人的吸入分数；a_1、a_2 分别为移动人员以 0.5 m/s 和 1.0 m/s 速度从机舱中走过的可能性。

根据式（7-2），按照可能性分析方法进行可能性评估，感染剂量产生率的变化范围为 $1～10^9\ \text{h}^{-1}$，参数 a_1 和 a_2 的变化范围均为 0～1 且满足 $a_1 + a_2 \leqslant 1$。可能性评估的结果显示，当感染剂量产生率为 1.41×10^5、可能性参数 a_1 和 a_2 均为 0

时，可能性最大，仍为 0.414。因此，在所有现有的情景假设中，机舱内没有人员移动的情景假设与实际案例最接近。在现有研究中，Yin 等（2012）评估了人员移动对客机机舱中肺结核传播蔓延的影响作用。Yin 等并没有对人员移动行为进行数值模拟，而是使用了"混合比率"（mixing ratio）的概念分析人员移动行为对传染病传播蔓延的影响。其结果显示，对客机机舱肺结核暴发案例，可能性最大的情景假设为人员移动速度假设为 0 的情况[8]。本节的分析结果与现有研究中通过假设空气混合程度进行风险评估与分析的结果相同。

与此同时，注意到图 7-8 中，移动人员具有很高的吸入分数和感染风险。对于机舱中的 71 位乘客来说，从机舱中经过也会显著增加他们的吸入分数，从而增加其感染风险。因此，每位乘客的移动行为对他们自身的感染风险有较大影响。为了评估所有乘客各自的移动行为对空间风险分布的影响，根据前述的考虑多种情景的风险评估方法，本节对每位乘客的吸入分数进行估算，如式（7-3）所示：

$$D(x,t) = (1-b_1-b_2)D_1(x,t) + b_1D_2(\text{MP},t) + b_2D_3(\text{MP},t) \qquad (7\text{-}3)$$

式中，$D_1(x,t)$ 为算例 1（没有人员移动时）中计算出的第 x 个乘客的吸入分数；$D_2(\text{MP},t)$ 和 $D_3(\text{MP},t)$ 分别为移动速度为 0.5 m/s 和 1.0 m/s 时移动人员的吸入分数；b_1、b_2 分别为第 x 个乘客以 0.5 m/s 和 1.0 m/s 的速度从机舱中走过的可能性。本节不考虑每位乘客的行为特征和行为习惯的差异性，b_1、b_2 为所有 71 位乘客的平均行走概率。考虑到机舱内空间有限，假设每次只有一人从过道内走过，因此有 $a_1 + a_2 \leqslant 0.014$。

根据式（7-3），按照可能性分析方法进行可能性评估，感染剂量产生率的变化范围为 $1 \sim 10^9 \text{ h}^{-1}$，可能性参数 b_1 和 b_2 的变化范围均为 $0 \sim 0.014$ 且满足 $b_1 + b_2 \leqslant 0.014$。可能性分析的结果显示，感染剂量产生率为 1.36×10^5、可能性参数 b_1 为 0.014、b_2 为 0 的可能性最大，可能性的值为 0.763，比原情景假设的可能性高 84%。该可能性的值明显高于之前的几种情景假设，说明该种情景假设更接近于真实情况。因此，普通乘客的移动行为对自身的暴露水平和空间风险分布有较大的影响，能够显著提高呼吸道传染病传播蔓延风险评估结果的可靠性和准确度。

此外，病源患者的移动行为对传染物质扩散输运也有一定影响。根据算例 4 和算例 5 中的情景假设，对病源患者的移动行为进行数值模拟和风险评估，结果如图 7-13 所示。从图 7-13 中可以看出，当病源患者在移动过程中的不同时刻、不同位置呼出液滴时，在机舱内形成的吸入分数分布也明显不同。靠近病源患者呼出传染物质的初始位置的区域具有更高的吸入分数。因此病源患者的移动行为也会对空间内的暴露水平分布产生影响，并影响最终的风险分布。在该航班中，病源患者的移动行为不是持续过程，本节未对算例 4 和算例 5 进行假设检验和风险评估。

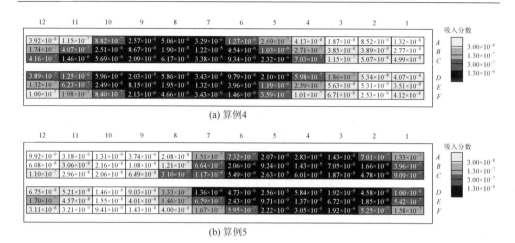

(a) 算例4

(b) 算例5

图 7-13　机舱内的吸入分数分布

根据风险评估的结果，机舱中的人员移动将导致机舱内所有乘客的平均感染风险增加 1.7%～2.2%，增加幅度并不是很大。根据可能性分析的结果，没有人员移动的情景假设的可能性更高。然而，这一结果并不表示人员移动行为对室内通风环境呼吸道传染病传播蔓延完全没有影响。在该机舱环境中，人员移动行为会显著改变传染物质扩散输运的过程、增加气溶胶在空气中悬浮的时间。因此，在呼吸道传染病风险评估过程中，考虑人员移动行为的影响能够得到更精确的风险评估结果。同时，对于移动人员，其吸入分数和感染风险都很高。当人在机舱中行走并经过病源患者附近时，其吸入分数可以达到 2.2×10^{-6}，大于 80% 的乘客的吸入分数。当人员在机舱内频繁走动时，其感染风险可以达到 55%。特别是对于座位距离病源患者很远的乘客，在机舱内行走将导致其吸入分数和感染风险比没有行走时大 $O(10^2)$。因此，乘客在机舱内的行走和移动对其自身的感染风险和空间风险分布都有显著影响。

将本节得到的感染风险分布和实际案例中被传染的乘客的座位分布[1]进行比较发现，实际案例中的被传染乘客的座位分布与风险分析得到的感染风险分布并非完全一一对应。如表 7-4 所示，总的来说，吸入分数越大、感染风险越高，最终被传染的人数也越多。然而，被传染的人数与感染风险的值并不严格成比例。在病源患者周围、传染物质浓度较高的区域，并非所有乘客都被传染；在距离病源患者较远、传染物质浓度较低的区域，也仍然会有个别乘客被感染。因此，实例研究中得到的理论分析结果与实际的呼吸道传染病暴发案例仍有一定差异。造成这些差异的主要原因包括以下几点。

（1）易感人群健康状况和疾病抵抗力的个体差异性。

根据本章提出的风险评估方法，所得到的评估结果为空间内针对人群的吸入剂量分布和感染风险分布，即针对人群的感染可能性和罹患率。在实际案例中，每个人的生理特征、健康程度、疾病抵抗力都不同，即不同个体之间存在明显的个体差异。由于风险评估的对象存在较大不确定性，在进行风险评估时，难以对这些个体差异进行定量描述。因此，本章在风险评估过程中，不考虑每个人的个体差异，也不考虑每个人的生理特征和疾病抵抗力对风险评估结果的影响，只考虑针对人群的呼吸道传染病传播蔓延风险。采用本章提出的方法进行风险评估，能够定量计算空间内的暴露水平分布和感染风险分布，即当相同的易感染者处于空间内不同位置时，定量评估该易感染者在该位置时的传染物质暴露水平和感染风险。而该易感染者最终是否会感染传染病，则取决于该易感染者自身的健康状况、疾病抵抗力等因素。在本章的传染病暴发案例中，部分座位位于病源患者附近、处于传染物质浓度较高区域的乘客，最终并没有感染传染病，主要是由于上述原因。

（2）易感人群行为习惯的个体差异性。

在风险评估和可能性评估过程中，本章对所有乘客使用平均的概率值近似估计乘客在机舱内行走的概率，不考虑每个人行为习惯的差异性，不考虑易感染者在机舱内行走可能性的差异性。然而在实际的传染病暴发案例中，个别座位距离病源患者较远、处于传染物质浓度较低区域的乘客被传染了 SARS。这是由于这些乘客曾在机舱过道中走动，频繁经过病源患者周围传染物质浓度较高的区域，有较大的吸入剂量和暴露水平。此外，病源患者的移动行为对传染物质扩散输运也有较大的影响。当病源患者在机舱内走动，并在远离原座位的位置呼出传染物质时，也会在该位置附近形成传染物质的高浓度区域，大幅增加周围乘客的暴露水平和感染风险。因此，病源患者的行走也会增加远离病源患者座位的乘客的感染风险。

本研究仍存在一定的局限性。本章使用 RANS 方法对空气流场进行数值模拟，该方法通过计算平均瞬时气流流速模拟气流运动规律，降低了湍流和气流随机运动对瞬时流场分布的影响，因此也低估了湍流对传染物质扩散输运的影响作用，对移动人员尾迹中的湍流对传染物质扩散输运的影响估计不足。为了更准确地分析传染物质扩散输运的过程，可以使用更复杂、考虑因素更多的方法进行湍流实验和数值模拟。在针对人员密集场所进行呼吸道传染病风险评估研究时，本章使用的研究方法及结果满足风险评估的需求。

7.7　本 章 小 结

本章使用 SARS 在人员密集场所暴发的案例，对所提出的人员密集场所呼吸道传染病风险评估方法进行了实例研究。通过定量研究传染物质在该机舱环境中扩散输运的规律和特征，比较了多种人员移动行为对传染物质扩散输运的影响作用。结果显示，人员移动行为能够降低悬浮液滴的平均高度，阻碍传染物质的沉淀过程，延长传染物质在空气中停留的时间。

本章使用本书提出的风险评估方法定量评估了该环境内的风险分布。结果显示，当人员移动速度为 0 m/s（没有人员移动）、0.5 m/s、1.0 m/s 时，空间内易感人群的平均感染风险分别为 0.2015、0.2051 和 0.2096，即机舱内易感人群的平均罹患率约为 1/5，与实际的传染病暴发案例一致。人员移动行为会导致整个空间内的整体风险水平增加 1.7%～2.2%。对于频繁在客机机舱内走动的人员，其感染风险会高达 50%，明显高于机舱内 80% 的乘客的风险。

为了综合评估多种情况相结合时的风险分布，本章进一步提出了考虑多种情景的风险评估方法。该方法考虑了气流运动模式和传染物质扩散输运模式的多样性，能够综合考虑多种情景假设相耦合对空间风险分布的影响。分析发现，当考虑了每一位乘客的移动行为时，风险评估的结果更接近于实际案例，其可能性提高了 84%。此外，病源患者的移动行为也会对空间内的吸入剂量分布和暴露水平产生影响，并改变空间内的风险分布。

本章所提出的呼吸道传染病风险评估方法能够应用于人员密集场所呼吸道传染病风险评估，且能够定量计算人员密集场所中易感人群的暴露水平和感染风险，具有良好的可行性、科学性和实用性。

参 考 文 献

[1] Mangili A，Gendreau M A. Transmission of infectious diseases during commercial air travel. The Lancet，2005，365（9463）：989-996.

[2] Olsen S J，Chang H L，Cheung T Y Y，et al. Transmission of the severe acute respiratory syndrome on aircraft. The New England Journal of Medicine，2003，349（25）：2416-2422.

[3] Wan M P，To G N S，Chao C Y H，et al. Modeling the fate of expiratory aerosols and the associated infection risk in an aircraft cabin environment. Aerosal Science and Technology，2009，43（4）：322-343.

[4] Roache P J. Verification of codes and calculations. AIAA Journal，1998，36（5）：696-702.

[5] Hocking M B. Passenger aircraft cabin air quality：trends，effects，societal costs，proposals. Chemosphere，2000，41（4）：603-615.

[6] Gupta J K，Lin C H，Chen Q Y. Transport of expiratory droplets in an aircraft cabin. Indoor Air，2011，21（1）：3-11.

[7] Mazumdar S，Poussou S B，Lin C H，et al. Impact of scaling and body movement on contaminant transport in airliner cabins. Atmospheric Environment，2011，45（33）：6019-6028.

[8] Yin S，Sze-To G N，Chao C Y H. Retrospective analysis of multi-drug resistant tuberculosis outbreak during a flight using computational fluid dynamics and infection risk assessment. Building and Environment，2012，47：50-57.

[9] Gao N P，Niu J L. Transient CFD simulation of the respiration process and inter-person exposure assessment. Building and Environment，2006，41（9）：1214-1222.

[10]　Zhu S W，Kato S，Murakami S，et al. Study on inhalation region by means of CFD analysis and experiment. Building and Environment，2005，40（10）：1329-1336.

[11]　Gupta J K，Lin C H，Chen Q. Flow dynamics and characterization of a cough. Indoor Air，2009，19（6）：517-525.

[12]　Duguid J P. The numbers and sites of origin of the droplets expelled during expiratory activities. Edinburgh Medical Journal，1945，52：386-400.

[13]　Chao C Y H，Wan M P，Morawska L，et al. Characterization of expiration air jets and droplet size distributions immediately at the mouth opening. Journal of Aerosol Science，2009，40（2）：122-133.

[14]　Duguid J P. The size and the duration of air-carriage of respiratory droplets and droplet-nuclei. The Journal of Hygiene，1946，44（6）：471-479.

[15]　Nicas M，Nazaroff W W，Hubbard A. Toward understanding the risk of secondary airborne infection：emission of respirable pathogens. Journal of Occupational and Environmental Hygiene，2005，2（3）：143-154.

[16]　DeHart R L. Health issues of air travel. Annual Review of Public Health，2003，24：133-151.

[17]　Gendreau M. Tuberculosis and Air Travel：Guidelines For Prevention and Control，3rd edition. Perspect Public Health，2010，130（4）：191.

[18]　McFarland J W，Hickman C，Osterholm M T，et al. Exposure to mycobacterium-tuberculosis during air-travel. The Lancet，1993，342（8863）：112-113.

[19]　Edge B A，Paterson E G，Settles G S. Computational study of the wake and contaminant transport of a walking human. Journal of Fluids Engineering，2005，127：967-977.

[20]　Paz C，Suárez E，Vence J. CFD transient simulation of the cough clearance process using an Eulerian wall film model. Computer Methods in Biomechanics and Biomedical Engineering，2016，（5）：1-11.

[21]　Wan M P，Chao C Y H，Ng Y D，et al. Dispersion of expiratory droplets in a general hospital ward with ceiling mixing type mechanical ventilation system. Aerosal Science and Technology，2007，41（3）：244-258.

[22]　Sze To G N，Wan M P，Chao C Y H，et al. Experimental study of dispersion and deposition of expiratory aerosols in aircraft cabins and impact on infectious disease transmission. Aerosal Science and Technology，2009，43（5）：466-485.

[23]　Chao C Y H，Wan M P，Sze To G N. Transport and removal of expiratory droplets in hospital ward environment. Aerosal Science and Technology，2008，42（5）：377-394.

[24]　Chao C Y H，Wan M P. A study of the dispersion of expiratory aerosols in unidirectional downward and ceiling-return type airflows using a multiphase approach. Indoor Air，2006，16（4）：296-312.

附录A 对流换热系数测量实验结果图

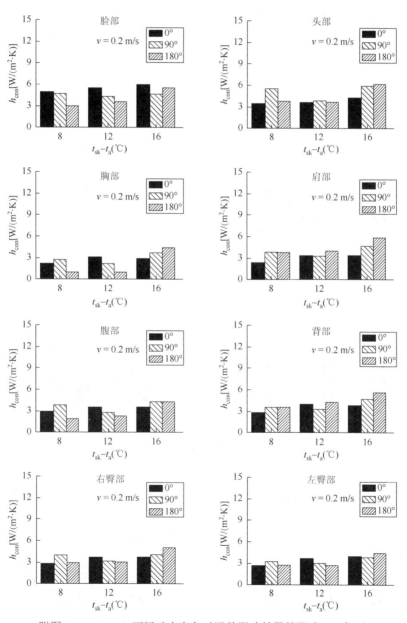

附图 A-1 0.2 m/s 下运动方向角对温差影响效果的影响——躯干

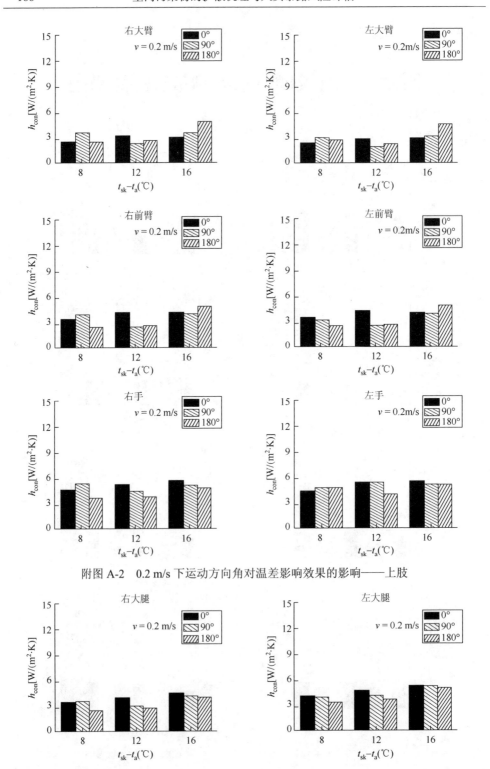

附图 A-2　0.2 m/s 下运动方向角对温差影响效果的影响——上肢

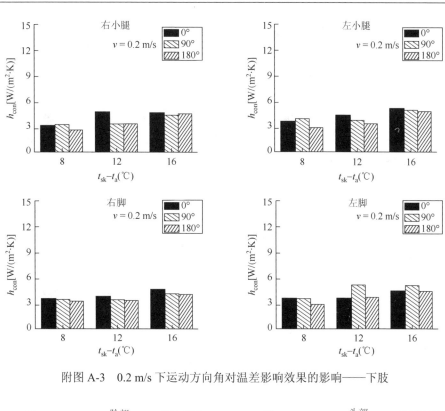

附图 A-3 0.2 m/s 下运动方向角对温差影响效果的影响——下肢

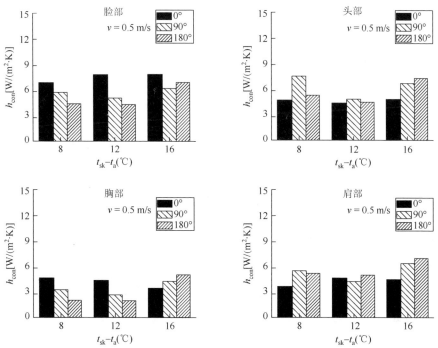

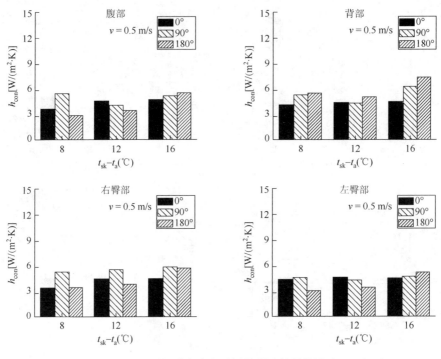

附图 A-4　0.5 m/s 下运动方向角对温差影响效果的影响——躯干

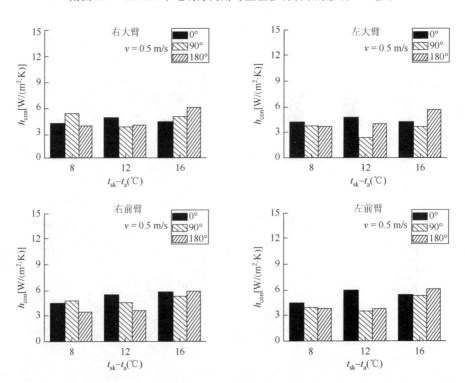

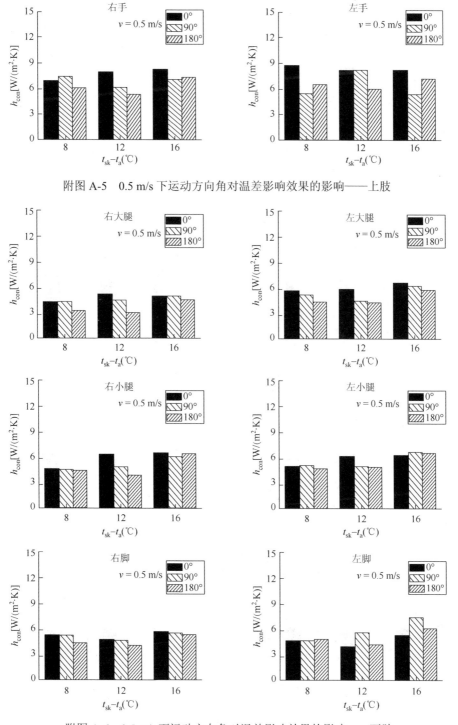

附图 A-5　0.5 m/s 下运动方向角对温差影响效果的影响——上肢

附图 A-6　0.5 m/s 下运动方向角对温差影响效果的影响——下肢

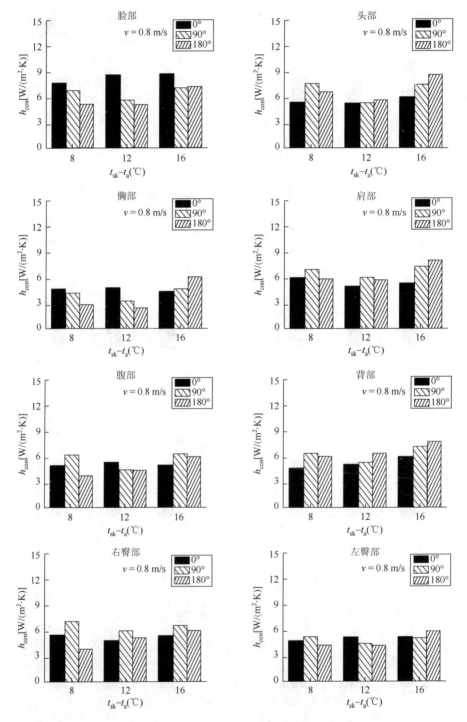

附图 A-7　0.8 m/s 下运动方向角对温差影响效果的影响——躯干

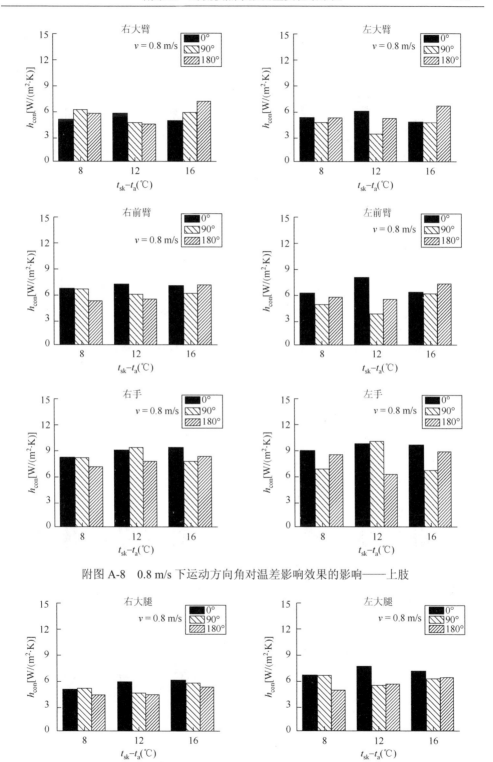

附图 A-8　0.8 m/s 下运动方向角对温差影响效果的影响——上肢

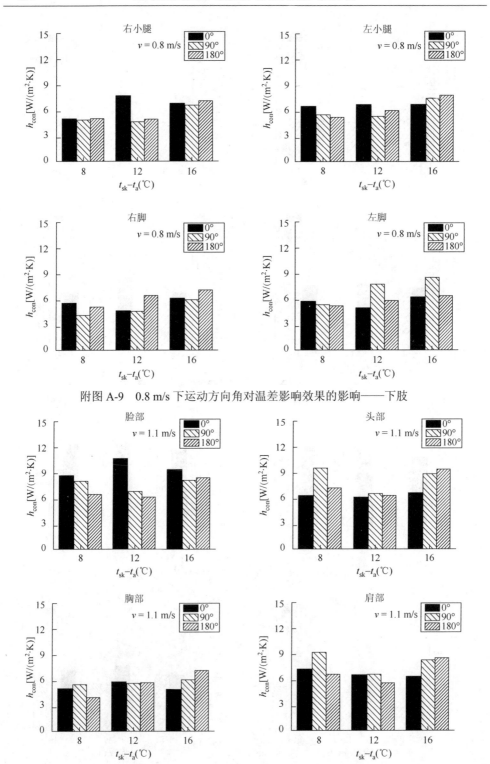

附图 A-9　0.8 m/s 下运动方向角对温差影响效果的影响——下肢

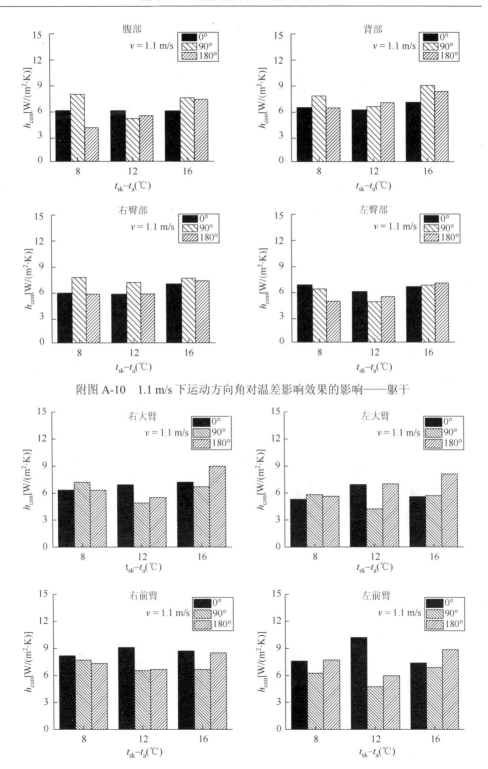

附图 A-10　1.1 m/s 下运动方向角对温差影响效果的影响——躯干

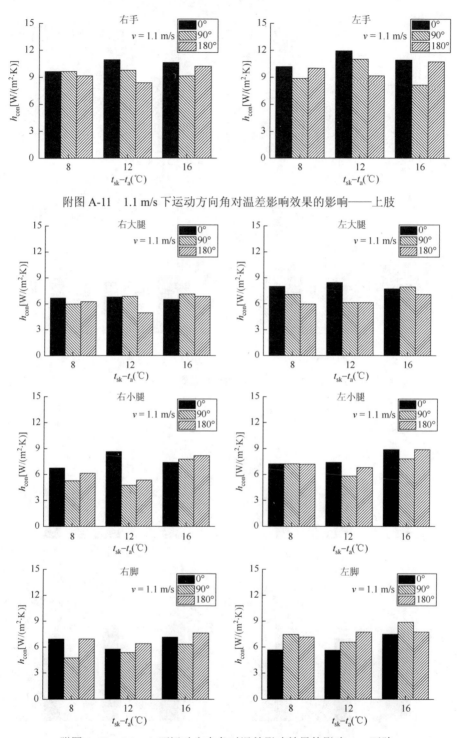

附图 A-11 1.1 m/s 下运动方向角对温差影响效果的影响——上肢

附图 A-12 1.1 m/s 下运动方向角对温差影响效果的影响——下肢

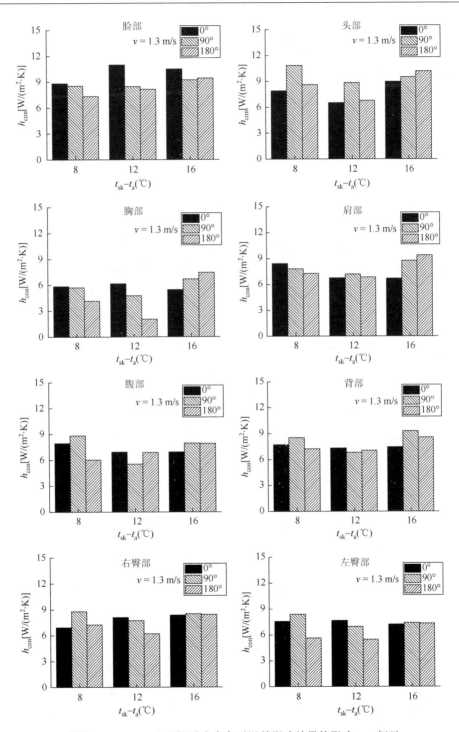

附图 A-13 1.3 m/s 下运动方向角对温差影响效果的影响——躯干

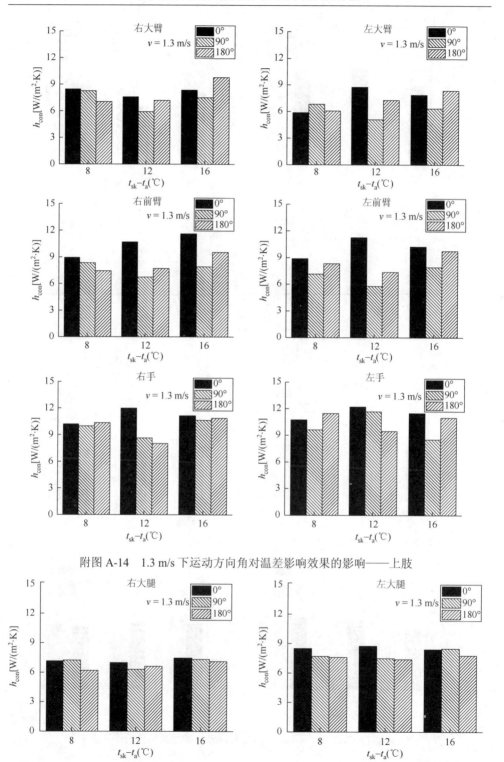

附图 A-14　1.3 m/s 下运动方向角对温差影响效果的影响——上肢

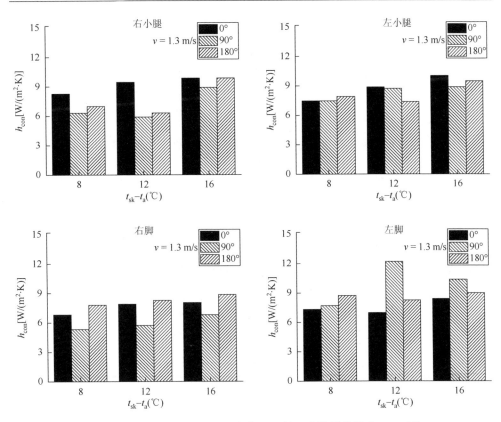

附图 A-15　1.3 m/s 下运动方向角对温差影响效果的影响——下肢

附录 B 对流换热系数测量结果

附表 B-1 在 0.2 m/s 运动速度条件下，人体与环境间的对流换热系数值[(W/(m²·K)]

运动方向角	0°			90°			180°		
温差	8℃	12℃	16℃	8℃	12℃	16℃	8℃	12℃	16℃
脸部	5.01	5.60	6.10	4.83	4.42	4.71	3.08	3.67	5.68
头部	3.38	3.59	4.33	5.65	3.85	5.95	3.79	3.76	6.19
右大臂	2.51	3.19	3.04	3.61	2.38	3.52	2.56	2.71	4.91
左大臂	2.31	2.81	2.86	2.96	1.89	3.14	2.59	2.24	4.47
右前臂	3.35	4.26	4.21	3.93	2.51	4.06	2.33	2.47	4.91
左前臂	3.51	4.26	4.13	3.18	2.60	4.06	2.53	2.64	4.96
右手	4.66	5.32	5.75	5.43	4.50	5.15	3.67	3.84	4.77
左手	4.47	5.48	5.61	4.86	5.47	5.14	4.71	4.17	5.20
胸部	2.34	3.01	3.11	2.90	2.36	3.69	1.23	1.20	4.62
肩部	2.47	3.53	3.59	3.93	3.37	4.99	3.87	4.16	6.11
腹部	3.02	3.66	3.63	3.78	2.94	4.34	1.93	2.27	4.32
背部	2.95	4.05	3.97	3.70	3.42	4.71	3.62	4.44	5.90
右臀部	2.98	3.82	3.90	4.19	3.29	4.26	3.04	3.19	5.17
左臀部	2.70	3.73	4.08	3.24	3.08	3.82	2.78	2.77	4.43
右大腿	3.41	4.00	4.43	3.44	3.02	4.14	2.26	2.74	4.02
左大腿	4.12	4.83	5.33	3.93	4.05	5.17	3.34	3.69	5.01
右小腿	3.20	4.83	4.70	3.25	3.35	4.46	2.65	3.43	4.57
左小腿	3.74	4.42	5.26	4.09	3.88	5.16	2.98	3.42	4.89
右脚	3.49	3.78	4.61	3.35	3.41	4.19	3.24	3.36	4.11
左脚	3.65	3.64	4.59	3.60	5.16	5.20	2.93	3.76	4.46

附表 B-2 在 0.5 m/s 运动速度条件下，人体与环境间的对流换热系数值[W/(m²·K)]

运动方向角	0°			90°			180°		
温差	8℃	12℃	16℃	8℃	12℃	16℃	8℃	12℃	16℃
脸部	6.94	7.88	7.81	5.66	4.89	6.17	4.42	4.20	6.88
头部	4.89	4.43	4.89	7.62	4.95	6.73	5.35	4.70	7.42
右大臂	4.09	4.78	4.24	5.28	3.67	4.91	3.81	3.89	5.98

续表

运动方向角	0°			90°			180°		
温差	8℃	12℃	16℃	8℃	12℃	16℃	8℃	12℃	16℃
左大臂	4.16	4.79	4.22	3.80	2.37	3.67	3.66	3.97	5.65
右前臂	4.54	5.50	5.84	4.77	4.57	5.31	3.46	3.65	5.81
左前臂	4.53	6.00	5.41	3.92	3.56	5.31	3.85	3.82	6.16
右手	6.94	7.96	8.24	7.50	6.18	7.18	6.12	5.36	7.37
左手	8.73	8.19	8.30	5.47	8.17	5.37	6.53	5.95	7.22
胸部	4.70	4.41	3.46	3.35	2.70	4.34	2.06	2.02	5.02
肩部	3.69	4.79	4.50	5.69	4.33	6.52	5.34	5.10	7.13
腹部	3.76	4.59	4.78	5.45	4.14	5.27	2.89	3.47	5.54
背部	4.10	4.37	4.41	5.34	4.29	6.29	5.52	5.05	7.36
右臀部	3.41	4.52	4.52	5.31	5.54	5.87	3.44	3.83	5.71
左臀部	4.34	4.62	4.53	4.52	4.29	4.72	3.01	3.36	5.22
右大腿	4.37	5.25	5.03	4.30	4.51	4.98	3.30	3.07	4.55
左大腿	5.58	5.85	6.63	5.12	4.39	6.23	4.31	4.28	5.70
右小腿	4.67	6.32	6.56	4.55	4.85	6.13	4.50	3.92	6.49
左小腿	4.94	6.17	6.30	5.06	4.95	6.65	4.68	4.91	6.64
右脚	5.32	4.44	5.78	4.10	4.68	5.57	4.40	4.14	5.39
左脚	4.67	4.04	5.31	4.75	5.60	7.41	4.80	4.20	6.17

附表 B-3　在 0.8 m/s 运动速度条件下，人体与环境间的对流换热系数值[W/(m²·K)]

运动方向角	0°			90°			180°		
温差	8℃	12℃	16℃	8℃	12℃	16℃	8℃	12℃	16℃
脸部	7.76	8.74	8.76	6.87	5.72	7.14	5.24	5.18	7.28
头部	5.44	5.42	6.07	7.65	5.39	7.52	6.68	5.63	8.71
右大臂	5.07	5.72	4.91	6.18	4.55	5.85	5.72	4.48	7.08
左大臂	5.24	6.05	4.71	4.63	3.27	4.61	5.13	5.16	6.67
右前臂	6.64	7.23	7.00	6.60	5.91	6.05	5.11	5.31	6.98
左前臂	6.04	8.02	6.20	4.82	3.71	6.05	5.66	5.46	7.34
右手	8.22	9.08	9.32	8.14	9.23	7.75	7.04	7.74	8.32
左手	9.02	9.85	9.63	6.98	10.07	6.65	8.55	6.27	8.82
胸部	4.73	4.85	4.43	4.25	3.31	4.79	2.92	2.51	6.15
肩部	6.03	5.00	5.41	7.00	6.10	7.35	5.88	5.73	8.09
腹部	4.94	5.42	5.05	6.22	4.48	6.38	3.79	4.44	6.04

续表

运动方向角	0°			90°			180°		
温差	8℃	12℃	16℃	8℃	12℃	16℃	8℃	12℃	16℃
背部	4.64	5.16	6.05	6.49	5.27	7.17	6.08	6.40	7.75
右臀部	5.55	4.88	5.46	7.13	6.05	6.60	3.94	5.12	6.00
左臀部	4.88	5.22	5.26	5.25	4.45	5.13	4.21	4.30	5.95
右大腿	4.96	5.87	6.10	5.02	4.52	5.66	4.26	4.29	5.28
左大腿	6.60	7.69	7.09	6.55	5.37	6.20	4.88	5.61	6.33
右小腿	5.09	7.76	6.83	4.98	4.71	6.73	5.13	5.06	7.17
左小腿	6.54	6.70	6.81	5.56	5.32	7.42	5.29	6.02	7.79
右脚	5.61	4.74	6.12	4.18	4.70	6.06	5.18	6.48	7.22
左脚	5.81	4.98	6.25	5.37	7.75	8.56	5.21	5.81	6.39

附表 B-4　在 1.1 m/s 运动速度条件下，人体与环境间的对流换热系数值[W/(m²·K)]

运动方向角	0°			90°			180°		
温差	8℃	12℃	16℃	8℃	12℃	16℃	8℃	12℃	16℃
脸部	8.75	10.72	9.48	8.06	6.91	8.19	6.50	6.17	8.45
头部	6.32	6.10	6.65	9.64	6.56	8.85	7.18	6.36	9.37
右大臂	6.37	6.92	7.23	7.22	4.89	6.73	6.32	5.49	8.97
左大臂	5.31	6.97	5.59	5.84	4.27	5.74	5.66	7.02	8.10
右前臂	8.19	9.11	8.72	7.74	6.58	6.68	7.37	6.72	8.51
左前臂	7.58	10.20	7.40	6.29	4.76	6.92	7.75	6.03	8.87
右手	9.65	10.96	10.64	9.68	9.78	9.14	9.14	8.43	10.20
左手	10.19	11.92	10.89	8.89	11.07	8.17	10.01	9.15	10.73
胸部	4.94	5.94	4.95	5.51	5.60	6.08	3.97	5.74	7.19
肩部	7.27	6.58	6.47	9.27	6.72	8.41	6.66	5.67	8.59
腹部	6.09	6.12	6.02	8.02	5.12	7.58	4.12	5.46	7.40
背部	6.50	6.15	7.13	7.80	6.52	9.07	6.40	7.06	8.33
右臀部	5.93	5.76	6.92	7.72	7.09	7.67	5.75	5.80	7.35
左臀部	6.88	6.12	6.72	6.39	4.87	6.82	4.89	5.44	7.02
右大腿	6.67	6.77	6.50	5.96	6.82	7.13	6.25	4.94	6.84
左大腿	8.01	8.40	7.74	7.09	6.16	7.95	5.95	6.17	7.12
右小腿	6.74	8.67	7.42	5.27	4.76	7.77	6.13	5.36	8.20
左小腿	7.26	7.42	8.85	7.27	5.82	7.82	7.20	6.79	8.90
右脚	6.94	5.75	7.12	4.79	5.38	6.33	6.92	6.41	7.63
左脚	5.65	5.59	7.49	7.45	6.59	8.88	7.18	7.71	7.77

附表 B-5 在 1.3 m/s 运动速度条件下，人体与环境间的对流换热系数值[W/(m²·K)]

运动方向角	0°			90°			180°		
温差	8℃	12℃	16℃	8℃	12℃	16℃	8℃	12℃	16℃
脸部	8.77	10.89	10.47	8.53	8.47	9.20	7.29	8.12	9.41
头部	7.88	6.50	8.91	10.83	8.84	9.49	8.59	6.74	10.14
右大臂	8.47	7.57	8.34	8.26	5.93	7.56	7.07	7.21	9.78
左大臂	5.90	8.74	7.87	6.83	5.12	6.39	6.13	7.33	8.38
右前臂	8.98	10.69	11.60	8.37	6.75	7.91	7.47	7.72	9.60
左前臂	8.86	11.23	10.22	7.18	5.85	7.91	8.31	7.42	9.70
右手	10.18	11.99	11.15	9.99	8.67	10.65	10.34	8.07	10.85
左手	10.73	12.19	11.45	9.62	11.66	8.49	11.44	9.49	11.01
胸部	5.84	6.17	5.48	5.72	4.76	6.73	4.15	2.08	7.44
肩部	8.42	6.74	6.73	7.82	7.15	8.72	7.26	6.87	9.41
腹部	7.90	6.87	6.90	8.80	5.53	7.97	6.04	6.91	7.91
背部	7.69	7.31	7.38	8.55	6.78	9.31	7.23	7.01	8.58
右臀部	6.91	8.05	8.27	8.80	7.71	8.45	7.21	6.21	8.42
左臀部	7.52	7.64	7.18	8.37	6.94	7.40	5.64	5.44	7.32
右大腿	7.16	7.03	7.45	7.24	6.35	7.33	6.21	6.62	7.07
左大腿	8.46	8.68	8.43	7.62	7.43	8.46	7.63	7.42	7.79
右小腿	8.18	8.31	9.74	6.24	5.87	8.82	6.95	6.27	9.65
左小腿	7.42	8.77	9.92	7.36	8.65	8.75	7.80	7.29	9.37
右脚	6.79	7.81	7.95	5.28	5.75	6.75	7.71	8.25	8.80
左脚	7.27	4.96	8.27	7.59	11.97	10.28	8.62	8.14	8.85

索　引

"十三五"国家重点出版物出版规划项目
大气污染控制技术与策略丛书

书名	作者	定价（元）	ISBN 号
大气二次有机气溶胶污染特征及模拟研究	郝吉明等	98	978-7-03-043079-3
突发性大气污染监测预报及应急预案	安俊岭等	68	978-7-03-043684-9
烟气催化脱硝关键技术研发及应用	李俊华等	150	978-7-03-044175-1
长三角区域霾污染特征、来源及调控策略	王书肖等	128	978-7-03-047466-7
大气化学动力学	葛茂发等	128	978-7-03-047628-9
中国大气 $PM_{2.5}$ 污染防治策略与技术途径	郝吉明等	180	978-7-03-048460-4
典型化工有机废气催化净化基础与应用	张润铎等	98	978-7-03-049886-1
挥发性有机污染物排放控制过程、材料与技术	郝郑平等	98	978-7-03-050066-3
工业挥发性有机物的排放与控制	叶代启等	108	978-7-03-054481-0
京津冀大气复合污染防治：联发联控战略及路线图	郝吉明等	180	978-7-03-054884-9
钢铁行业大气污染控制技术与策略	朱廷钰等	138	978-7-03-057297-4
工业烟气多污染物深度治理技术及工程应用	李俊华等	198	978-7-03-061989-1
京津冀细颗粒物相互输送及对空气质量的影响	王书肖等	138	978-7-03-062092-7
清洁煤电近零排放技术与应用	王树民	118	978-7-03-060104-9
室内污染物的扩散机理与人员暴露风险评估	翁文国等	118	978-7-03-064064-2